浙江大学魏绍相计算机教材建设基金资助

高等院校计算机专业课程综合实验系列规划教材

数据结构课程设计

何钦铭　冯　雁　陈　越　著

廖明宏　主审

浙江大学出版社

内容提要

　　本书主要围绕数据结构的基本知识点,设计了8个大型综合性练习案例,通过相关背景知识的回顾、题目解析与实现要点的分析以及测试方法分析等,为学生完成综合性的数据结构实践提供参考。本书所附光盘内容为这8个课程设计案例的源程序及教材中描述的测试数据。本教材还提供了8个课程设计题目及其简要的提示。这些案例和题目大多取材于程序设计竞赛题,具有较好的趣味性和技巧性。

　　本教材可作为数据结构课程配套的实验教材,也适合于对C程序设计以及数据结构有初步基础的读者学习数据结构的设计方法和提高编程技巧。

图书在版编目(CIP)数据

　　数据结构课程设计 / 何钦铭,冯雁,陈越著. —杭州:
浙江大学出版社,2007.8(2016.8重印)
　　(高等院校计算机专业课程综合实验系列规划教材)
　　ISBN 978-7-308-05521-5

　　Ⅰ.数… Ⅱ.①何…②冯…③陈… Ⅲ.数据结构－课程
设计－高等学校－教材 Ⅳ.TP311.12

　　中国版本图书馆 CIP 数据核字(2007)第 139221 号

数据结构课程设计

何钦铭　冯　雁　陈　越　著

廖明宏　主审

丛书主编	何钦铭　陈根才
策　划	黄娟琴　希　言
责任编辑	黄娟琴　邹小宁
封面设计	氧化光阴
出版发行	浙江大学出版社
	(杭州市天目山路148号　邮政编码310007)
	(网址:http://www.zjupress.com)
排　版	杭州中大图文设计有限公司
印　刷	临安市曙光印务有限公司
开　本	787mm×1092mm　1/16
印　张	9.75
字　数	250 千
版 印 次	2007 年 8 月第 1 版　2016 年 8 月第 6 次印刷
书　号	ISBN 978-7-308-05521-5
定　价	20.00 元(附光盘)

高等院校计算机专业课程
综合实验系列规划教材编委会

主 任
齐治昌　国防科技大学教授,教育部软件工程专业教学指导分委员会副主任

副主任
陈道蓄　南京大学计算机系教授,教育部计算机科学与技术专业教学指导分委员会副主任
蒋宗礼　北京工业大学计算机学院副院长,教授,教育部计算机科学与技术专业教学指导分委员会秘书长

委 员(按姓氏笔画排列)
王志英　国防科技大学计算机学院副院长,教授,教育部高等学校计算机科学与技术专业教学指导分委员会副主任
左保河　华南理工大学软件学院副教授,教育部高等学校软件工程专业教学指导分委员会委员
刘 强　清华大学副教授,教育部高等学校软件工程专业教学指导分委员会秘书长
孙吉贵　吉林大学计算机学院副院长,教授,教育部高等学校计算机科学与技术专业教学指导分委员会委员
庄越挺　浙江大学计算机学院副院长,教授,教育部计算机科学与技术专业教学指导分委员会委员
吴 跃　电子科技大学计算机学院教授,教育部计算机科学与技术专业教学指导分委员会委员
李 彤　云南大学软件学院副院长,教授,教育部计算机科学与技术专业教学指导分委员会委员
邹逢兴　国防科学技术大学教授,国家级教学名师
陈志刚　中南大学信息学院副院长,教授,教育部高等学校计算机科学与技术专业教学指导分委员会委员
岳丽华　中国科学技术大学教授,教育部高等学校计算机科学与技术专业教学指导分委员会委员
徐宝文　东南大学教授,教育部高等学校软件工程专业教学指导分委员会委员
廖明宏　哈尔滨工业大学计算机学院副院长,教授,教育部高等学校计算机科学与技术专业教学指导分委员会委员
管会生　兰州大学信息科学与工程学院副院长,教授,教育部高等学校理工类计算机基础课程教学指导分委员会秘书长

序　言

近 10 多年来,以计算机和通信技术为代表的信息技术迅猛发展,并已深入渗透到国民经济与社会发展的各个领域。信息技术成为国家产业结构调整和推动国民经济与社会快速发展的最重要的支撑技术。与此同时,深入掌握计算机专业知识、具有良好系统设计与分析能力的计算机高级专业人才在社会上深受欢迎。

计算机科学与技术是一门实践性很强的学科。良好的系统设计和分析能力的培养需要通过长期、系统的训练(包括理论和实践两方面)才能获得。高等学校的实践教学一般包括课程实验、综合性设计(课程设计)、课外科技活动、社会实践、毕业设计等,基本上可以分为三个层次:第一,是紧扣课堂教学内容,以掌握和巩固课程教学内容为主的课程实验和综合性设计;第二,是以社会体验和科学研究体验为主的社会实践和课外科技活动;第三,是以综合应用专业知识和全面检验专业知识应用能力的毕业设计。课程实践(含课程实验和课程设计)是大学教育中最重要也最基础的实践环节,直接影响后继课程的学习以及后继实践的质量。由于课程设计是以培养学生的系统设计与分析能力为目标,通过团队式合作、研究式分析、工程化设计完成较大型系统或软件的设计题目的,因此课程设计不仅有利于学生巩固、提高和融合所学的专业课程知识,更重要的是能够培养学生多方面的能力,如综合设计能力、动手能力、文献检索能力、团队合作能力、工程化能力、研究性学习能力、创新能力等。

浙江大学计算机学院在专业课程中实施课程设计(project)已有 10 多年的历史,积累了丰富的经验和资料。为全面总结专业课程设计建设的经验,推广建设成果,我们特别组织相关课程的骨干任课教师编写了这套综合实验系列教材。本系列教材的作者们不仅具有丰富的教学和科研经验,而且是浙江大学计算机学院和软件学院的教学核心力量。这支队伍目前已经获得了两门国家精品课程以及四门省部级精品课程,出版了几十部教材。

本套教材由《C 程序设计基础课程设计》、《软件工程课程设计》、《数据结构课程设计》、《数值分析课程设计》、《编译原理课程设计》、《逻辑与计算机设计基础实验与课程设计》、《操作系统课程设计》、《数据库课程设计》、《Java 程序设计课程设计》、《面向对象程序设计课程设计》、《计算机组成课程设计》、《计算机体系结构课程设计》和《计算机图形学课程设计》等十三门课程的综合实验教材所组成。该系列教材构思新颖、案例丰富,许多案例直接取材于作者多年教学、科研以及企业工程经验的积累,适用于作为计算机以及相关专业课程设计的实验教材;也适用于对计算机有浓厚兴趣的专业人士进一步提升计算机的系统设计与分析能力。从实践的角度出发,大部分教材配备了随书光盘,以方便读者练习。

可以说,本套教材涵盖了计算机专业绝大部分必修课程和部分选修课程,是一套比较完整的专业课程设计系列教材,也是国内第一套由研究型大学计算机学院独立组织编写的专业课程设计系列教材。鉴于书中难免存在的谬误之处,敬请读者指正,以便不断完善。

主编　何钦铭、陈根才

2007 年 6 月于求是园

前　言

　　数据结构课程是计算机专业最重要的基础课之一，主要研究分析计算机存储、组织数据的方式，使学生学会数据的组织方法和现实世界问题在计算机内部的表示方法，并能针对应用问题，选择合适的数据逻辑结构、存储结构及其算法。

　　数据结构课程的学习离不开实践。针对数据结构的程序设计实践不仅可以加深对课程内容的理解，更重要的是可以通过实践进一步掌握程序设计的技能与方法，初步感受软件开发过程的项目管理方法与规范，为更进一步的学习打下基础。

　　数据结构的课程实践可分一般性的实验和综合性的课程设计。在传统的课程教学中，往往使用一般性的实验作为课程实践的主要内容，即向学生布置直接针对课堂教学内容的小型练习题，由学生独立进行程序设计与上机实现；而综合性的课程设计更强调知识的整合、问题分析与求解能力以及团队合作能力的培养。因而，课程设计更能培养学生综合运用所学理论知识解决复杂问题的实践能力、研究性学习能力和团队合作能力。

　　本教材主要围绕数据结构的基本知识点，设计若干个大型综合性练习案例，通过相关背景知识的回顾、题目解析与实现要点的分析以及测试方法分析等，为学生完成综合性的数据结构实践提供参考。本教材还提供了一系列课程设计题目及其简要的提示。这些案例和题目大多取材于程序设计竞赛题，具有较好的趣味性和技巧性。

　　全书共分6章。第1章简要介绍了数据结构课程设计的组织与评分方法，并给出了课程设计实验报告的基本内容；第2章至第5章，分别针对栈与树结构、图结构、排序与动态查找、算法设计等4个方面的内容，各给出了两个课程设计案例（共8个案例），对每个案例均从基本知识回顾、设计题目、设计分析、设计实现、测试方法、评分要点等几个方面进行了详细的分析；第6章为读者提供了8个课程设计习题，并给出了简要的提示。本书配光盘，光盘内容为第2至第5章的8个课程设计案例的源程序及教材中描述的测试数据。

　　本教材可作为数据结构课程配套的实验教材，也适合于对C程序设计以及数据结构有初步基础的读者学习数据结构的设计方法和提高编程技巧。

　　本教材编写过程中得到了研究生车延辙、何安、王小燕的许多帮助，特别是案例的实现与测试。刘耀庭、薛在岳提供了两道精彩的课程设计习题。在此向他们表示衷心的感谢。

　　由于作者水平所限，对书中存在的谬误之处，敬请读者指正。

作　者

2007年7月

目　　录

第 1 章

数据结构课程设计概要

1.1 课程设计的意义

数据结构是计算机存储、组织数据的方式。选择合适的数据结构更容易设计出更高运行或存储效率的算法;反之,选择了特定的算法后也需要设计合适的数据结构与之配合,以达到最佳效果。所以,在进行程序设计时必须将数据结构和与之相关的算法结合起来考虑。

数据结构课程是计算机专业最重要的基础课之一。通过学习,学生应掌握解决复杂问题的程序设计方法和技术,即学会数据的组织方法和现实世界问题在计算机内部的表示方法,并针对问题的应用背景分析,选择最佳的数据结构与算法。

计算机科学与技术是个实践性很强的专业。数据结构专业基础课程的学习同样也离不开实践。针对数据结构的程序设计实践不仅可以加深对课程内容的理解,更重要的是可以通过实践进一步掌握程序设计的技能与方法,初步感受软件开发过程的项目管理方法与规范,为更进一步的学习打下基础。

数据结构的课程实践可分一般性的实验和综合性的课程设计。在传统的课程教学中,往往使用一般性的实验作为课程实践的主要内容,即向学生布置直接针对课堂教学内容的小型练习题,由学生独立进行程序设计与上机实现。而综合性的课程设计则更强调知识的整合、问题分析与求解能力以及团队合作能力的培养。因而,课程设计更能培养学生综合运用所学理论知识解决复杂问题的实践能力、研究性学习能力和团队合作能力。

本教材主要围绕数据结构的基本知识点,设计若干个大型综合性练习案例,通过相关背景知识的回顾、题目解析与实现要点的分析以及测试方法分析等,为学生完成综合性的数据结构实践提供参考。本教材还提供了一系列课程设计题目及其简要的提示。这些案例和题目大多取材于程序设计竞赛题,具有较好的趣味性和技巧性。如果读者想更多地了解这类题目,可访问浙江大学程序设计竞赛网站(http://acm.zju.edu.cn)。

课程设计不仅仅是以实现相应的程序为目标,更重要的是在完成课程设计的过程中逐步培养今后从事软件开发所需要的各种能力与素质。其中很重要的一种能力就是软件文档的写作能力。因此,在课程设计实施中,不仅需要完成程序并进行测试,还需要撰写相应的课程设计实验报告。课程设计实验报告不仅是对课程设计的总结,也是对软件文档写作能力的初步训练。

1.2　课程设计实验报告撰写的基本要求

　　每个课程设计对学生的要求不仅仅是编写代码,而且还要按照科学论文的基本要求完成一篇完整的实验报告,从而全面锻炼学生做研究与设计的总结能力。

　　实验报告首先要求有一个清晰醒目的报告标题,例如:《数据结构课程设计实验一:搜索算法效率比较》。此外,至少要求具备以下 6 部分内容。

一、简介

　　这一部分需简单介绍题目内容,即该实验到底要做什么。如果涉及明确的算法,最好再简单介绍一下算法产生的背景。

　　基本要求:实验内容必须完全覆盖。

二、算法说明

　　这一部分需详细描述解决问题所需要用到的算法和重要的数据结构,即该实验到底应该怎么做。

　　基本要求:处理问题中所用到的关键算法都要描述清楚,而不是仅描述主函数。算法和数据结构可用伪码和图示描述,不要只写源代码和注释。

　　这一部分的目的是让读者在短时间内清楚地理解作者解决问题的整体思路,表达方式必须比源代码更通俗易懂。如果读者感觉还不如直接读源代码来得明白,这一部分内容就失去了意义。

三、测试结果

　　这一部分内容需要紧扣课程设计的题目类型和要求,设计提供相应的测试方法和结果。

　　对于需要比较不同算法性能优劣的题目,应设计并填写一张性能比较表格,列出不同算法在同一指标下的性能表现。仅仅罗列出一堆数据是不够的,还应将数字转化为图形、曲线等方式,帮助读者更直观地理解测试结果。

　　对于需要利用某算法解决某问题的题目,应设计并填写一张测试用例表。每个测试用例一般应包括下列内容:

- 测试输入:设计一组输入数据;
- 测试目的:设计该输入的目的在于测试程序在哪方面可能存在漏洞;
- 正确输出:对应该输入,若程序正确,应该输出的内容;
- 实际输出:该数据输入后,实际测试得到的输出内容;
- 错误原因:如果实际输出与正确输出不符,需分析产生错误的可能原因;
- 当前状态:分为“通过”(实际输出与正确输出相符)、“已改正”(实际输出与正确输出不符,但现在已修改正确)、“待修改”(实际输出与正确输出不符,且尚未改正)三种状态。

　　需要注意的是,测试员的态度,不是提供几组简单的数据让程序员容易通过,从而宣称该程序是正确的;而应该是千方百计设计“刁难”的数据,想办法让所测试的程序暴露出问题,这样才能真正帮助程序员完成正确的程序,最后通过严格的裁判数据测试。

四、分析与探讨

这一部分应是整篇报告中最令读者感兴趣的部分,分为以下两方面内容:

● 测试结果分析。需详细解释测试策略,对得到的数据进行分析,总结出算法的时空复杂度,得出自己对算法性能等方面分析的结论。

● 不局限于题目要求使用的算法,探讨更多解决问题的途径,或者提出自己的见解,给出改进算法以得到更好结果的建议。

附录:源代码

源代码列在附录中,要求程序风格清晰易理解,有充分的注释。有意义的注释行少于代码的 30%将不能得分。

任务分配:

● 程序员:×××
● 测试员:×××
● 文档员:×××

这一部分说明合作完成课程设计的程序员,测试员和文档员的姓名及主要任务。

实验报告完成日期:yyyy-mm-dd

请注意,以上只是课程设计实验报告的基本要求,不同的题目还会有不同的具体要求。在本教材的附录中,提供了一个课程设计实验报告的样本,供读者参考。

1.3　课程设计的组织与评分方法

课程设计实验的每一道题目建议按照 3 个人一组,课后 4 个学时左右完成设计。每题的总分为 100 分,可以按如下比例分配给 3 个人。

● 程序员:50 分,负责完成源代码。

● 测试员:30 分,负责设计测试用程序、产生充分测试数据,最后完成实验报告的第三、四部分内容,即测试结果与分析探讨部分。

● 文档员:20 分,负责撰写实验报告的第一、二部分内容,即实验内容简介、算法与数据结构描述。同时完成整个文档的整合,使整篇报告排版、文字风格统一,而不是对 3 个人工作的简单拼凑。

建议对整门课程发布 3 或 6 个课程设计实验题目,使每个人都有机会把 3 项不同的工作做 1~2 遍,以达到全面锻炼能力的目的。

由于每个人的能力水平高低不同,为公平起见,应使组内每个人的成绩相对独立,不依赖于其他组员的表现而得分。例如,程序员只要正确完成了自己的程序,且注释充分,就可以得满分;测试员的测试计划和测试用例设计都不依赖于源代码,即使程序员无法提供程序,但测试员只要完成了测试计划的设计,对算法进行了理论上的分析,就可以得到满分;文档员的工作相对独立,只要完成了自己负责的部分,并将手头所有资料整合为一体,就可以获得满分。

不过,在程序员提供了源代码的情况下,测试员的分数跟程序员的分数是相关的——若程序有漏洞,被裁判(如教师)发现却没有被测试员发现,则测试员要和程序员一起被扣分;若该漏洞已经被测试员发现,而程序员没有改正,则只有程序员被扣分。

当然,分组实验的另一个目的是锻炼学生的沟通与团队合作能力。这个目的可以通过教师的激励来达到,即教师在点评每道题目的完成情况时,对个别优秀的组提出表扬,而只有 3 项工作都做得完美的组,才会获此殊荣。

学生提交的全部资料,建议按如下方式打包:

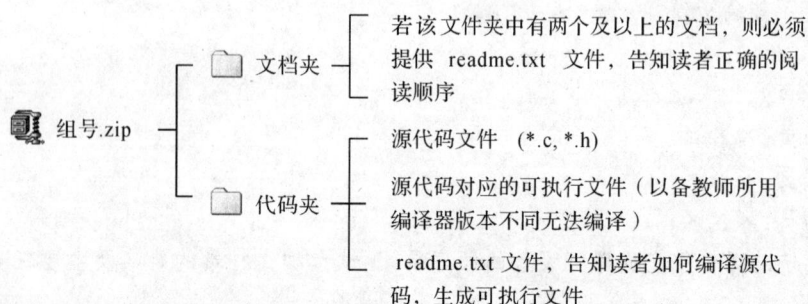

每道题目发布时,应有明确的截止日期。对超过截止日期的提交,应有相应的迟交罚扣。例如,每迟交 24 小时罚扣应得分数的 10%。

第 2 章

栈与树结构案例详解

线性表、树结构和图结构是三类最主要的数据结构。在线性表数据结构中，最常用、最典型的是栈和队列。本章通过表达式求值和文件系统的目录结构显示这两个课程设计案例分别回顾了栈与树结构的基本知识和基本方法，并对两个课程设计的具体设计与实现进行了详细的分析。

2.1 栈的应用:表达式求值

2.1.1 基本知识回顾

1. 栈的定义

栈(Stack)又称堆栈，它是一种运算受限的线性表，之所以受限是因为仅允许在表的一端进行插入和删除。人们把此端(一般为表的末端)称为栈顶(top)，另一端则称为栈底(bottom)，栈顶的第一个元素被称为栈顶元素。对一个栈最基本的操作包括进栈(Push)和出栈(Pop)，即对栈的插入和删除。因为栈只能在栈顶进行进栈和出栈的操作，即栈的修改是按照后进先出的原则进行的，所以栈又称为后进先出表(Last In First Out，LIFO)。

不含任何数据元素的栈称为空栈，对一个空栈进行出栈操作会产生错误;同样，对一个没有剩余空间的满栈进行进栈操作也会产生错误。

2. 栈的抽象数据类型

栈的抽象数据类型(Abstract Data Type，ADT)包括数据部分和操作部分。栈的数据部分可以采用顺序存储结构或链接存储结构;而操作部分包括元素进栈、出栈、栈的初始化、读取栈顶元素、检查栈是否为空等。为了简单起见，在本章中，栈的数据部分的元素类型都以 int 为例。下面给出栈的抽象数据类型的定义:

```
ADT Stack {
        数据对象:
                采用顺序或链接方式存储的栈
        基本操作:
                Stack CreateStack()
                操作结果:构造一个空栈 S
                int IsEmpty(Stack S)
                初始条件:栈 S 已存在
```

操作结果:若 S 为空栈,则返回 TRUE,否则返回 FALSE

int IsFull(Stack S)

初始条件:栈 S 已存在

操作结果:若 S 已满,则返回 TRUE,否则返回 FALSE

int Pop(Stack S)

初始条件:栈 S 已存在且非空

操作结果:删除 S 的栈顶元素,并返回其值

void Push(int X, Stack S)

初始条件:栈 S 已存在且不满

操作结果:插入元素 X 为新的栈顶元素

}ADT Stack

3. 栈的存储结构

由于栈是线性表,因而栈的存储结构可采用顺序和链式两种形式。顺序存储的栈称为顺序栈,链式存储的栈称为链栈。

(1)栈的顺序存储结构:通常由一个一维数组和一个记录栈顶元素位置的变量组成。习惯上将栈底放在数组下标小的那端。假设用一维数组 $S[MaxSize]$(下标 0~MaxSize-1)表示一个栈,MaxSize 为栈中可存储数据元素的最大个数,即栈的最大长度。栈顶位置用一个整型变量 top 记录当前栈顶元素的下标值。当 top 指向-1 时,表示空栈。当 top 指向 MaxSize-1 时,表示满栈。用 C 语言描述顺序栈如下:

```
#define MaxSize<储存数据元素的最大个数>
typedef struct {
        int data[MaxSize];
        int top;
}Stack;
```

(2)栈的链式存储结构:栈的链式实现以某种形式的链表作为栈的存储结构。链栈的组织形式与单链表类似,但其运算受限制,插入和删除运算只能在链栈的栈顶进行。栈顶指针也就是链表的头指针,如图 2.1 所示。由于 C 函数参数值传递的特点,为了使 Push 和 Pop 操作能方便地处理栈空与不空两种情况,链栈通常带一表头节点。表头节点后面的第一个节点就是链栈栈顶节点,top 称为栈顶指针,它唯一地确定一个链栈。栈中的其他节点通过它们的 next 链接起来。栈底节点的 next 为 NULL。

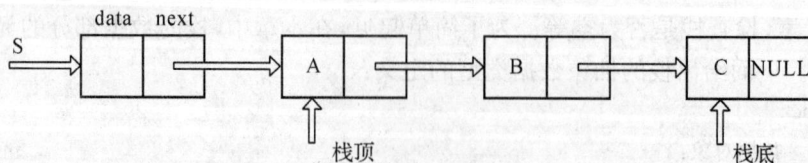

图 2.1   链栈示意图

用 C 语言描述链栈如下:

```
typedef struct Node{
        int data;
        struct Node * next;
```

```
}LinkStack；
LinkStack  *Stack；
```

4. 栈运算实现

上文介绍了栈的两种存储实现方法,分别是顺序存储结构和链式存储结构。针对这两种结构,栈的运算实现是不同的。下文给出了这两种栈最主要的栈操作实现方式,例如 Pop 和 Push 等。

(1)栈的操作在顺序存储结构上的实现。

```
int Pop(Stack * S)                    /* 删除栈顶元素,并将其返回 */
{
    if(S->top == -1)
        {
            Error("Stack is empty!");  /* 若栈为空,则终止运行 */
            exit(1);
        }
    return S->data[S->top--];     /* 返回原栈顶元素的值,并将栈顶前移一个位置 */
}


void Push(int X, Stack * S)           /* 元素 X 进栈 */
{
    if(S->top == MaxSize - 1)
        {
            Error("Stack overflow!");     /* 若栈已满,则终止运行 */
            exit(1);
        }
    S->data[++(S->top)] = X;/* 栈顶后移一个位置,并将 X 的值赋给新的栈顶位置 */
}
```

(2)栈的操作在链式存储结构上的实现。

```
LinkStack * CreateStack()             /* 初始化栈,并将其置为空 */
{
    LinkStack * S;
    S = (LinkStack * )malloc(sizeof(LinkStack));
    if(S == NULL)
        FatalError("Out of space!");    /* 空间不足 */
    S->next = NULL;
    return S;
}


int Pop(LinkStack * S)                /* 删除栈顶元素,并返回之 */
{
    LinkStack * FirstCell;
    if(S ->next == NULL)
        Error("Empty stack!");        /* 若栈为空,则终止运行 */
```

```c
    else
    {   int temp;
        FirstCell = S -> next;          /* 暂存栈顶节点 */
        S ->next = S ->next ->next;     /* 栈顶指针指向其后继节点 */
        temp = FirstCell ->data;        /* 暂存原栈顶元素 */
        free(FirstCell);                /* 回收原栈顶节点 */
        return temp;                    /* 返回原栈顶元素 */
    }
}

void Push(int X, LinkStack * S)         /* 元素 X 进栈 */
{
    LinkStack * TmpCell;
    TmpCell = (LinkStack * )malloc(sizeof(LinkStack));  /* 为插入元素获取动态节点 */
    if(TmpCell == NULL)
        FatalError("Out of space!");
    else
    {
        TmpCell ->data = X;             /* 给新分配的节点赋值 */
        TmpCell ->next = S ->next;      /* 向栈顶插入新节点 */
        S ->next = TmpCell;
    }
}
```

2.1.2　设计题目

设计一个表达式求值的程序。该程序必须可以接受包含(,),＋,－, ＊, /, ％,和ˆ(求幂运算符, aˆb＝a^b)的中缀表达式,并求出结果。如果表达式正确,则输出表达式的结果;如果表达式非法,则输出错误信息。

输入要求:

程序从"input. txt"文件中读取信息,在这个文件中如果有多个中缀表达式,则每个表达式独占一行,程序的读取操作在文件的结尾处停止。

输出要求:

对于每一个表达式,将其结果放在"output. txt"文件的每一行中。这些结果可能是值(精确到小数点后两位),也可能是错误信息"ERROR IN INFIX NOTATION"。

输入例子:

4. 99＋5. 99＋6. 99＊1. 06

(3＊5＊(4＋8)％2)

2ˆ2ˆ3

1＋2(

2/0

(2－4)ˆ3.1

2. 5％2

2 % 2.5

输出例子：

18.39

0.00

256.00

ERROR IN INFIX NOTATION

ERROR IN INFIX NOTATION

ERROR IN INFIX NOTATION

ERROR IN INFIX NOTATION

ERROR IN INFIX NOTATION

2.1.3 设计分析

1. 基本分析

在计算机中，算术表达式的计算往往是通过使用栈来实现的。所以，本表达式求值程序的最主要的数据结构就是栈。可以使用栈来储存输入表达式的操作符和操作数。

输入的表达式是由操作数（又称运算对象）和运算符以及改变运算次序的圆括号连接而成的式子。算术表达式有中缀表示法和后缀表示法，本程序输入的表达式采用中缀表示法，例如 1＋2。在这种表达式中，二元运算符位于两个操作数中间。

由于不同运算符间存在优先级，同一优先级的运算间又存在着运算结合顺序的问题（即左结合，还是右结合），所以简单的从左到右的计算是不充分的，如表达式 1＋2 * 3 的结果是 7，因为乘法运算符的优先级比加法高。当然凭直观判断一个中缀表达式中哪个运算符最先，哪个次之，哪个最后并不困难，但通过计算机处理就比较困难了。因为计算机只能一个字符一个字符地扫描，要想知道哪个运算符先算，就必须对整个中缀表达式扫描一遍。

而后缀表达式则很容易通过应用栈实现表达式的计算，这为实现表达式求值程序提供了一种直接的计算机制。

2. 后缀表达式

后缀表达式是由一系列的运算符、操作数组成的表达式，其中运算符位于两个操作数之后，如 123 *＋。后缀表达式很容易通过应用栈实现表达式的计算。其基本过程是：当输入一个操作数时，它被压入栈中，当一个运算符出现时，就从栈中弹出适当数量的操作数，对该运算进行计算，计算结果再压回到栈中。对于最常见的二元运算符来说，弹出的操作数只有两个。处理完整个后缀表达式之后，栈顶上的元素就是表达式的结果值。整个计算过程不需要理解运算的优先级规则。

例如，对于表达式"123 *＋"，其计算过程如下：1、2、3 依次压入栈中，为了处理" * "，弹出栈顶的两项操作数 3 和 2。注意：弹出的第一项为二元运算符右边的参数，第二项为左边参数；乘法运算结果是 6，该值被压回到栈中去；这时，栈顶是 6，其下是 1。为了处理"＋"运算符，6 和 1 都要被弹出，结果 7 被压回到栈中。此时，表达式读取完毕，栈也只剩下一项，从而最终的答案是 7。很明显，计算后缀表达式的时间是线性的。

3. 中缀到后缀的转换

从上面分析可知，后缀表达式是很容易应用栈进行计算的，但要处理的是中缀表达式。

同样,也可以应用栈将中缀表达式转换为后缀表达式。此时,栈里要保存的是运算符,而在后缀表达式计算中,栈里保存的是操作数。应用栈将中缀表达式转换为后缀表达式的基本过程如下。

从头到尾读取中缀表达式的每个对象,对不同对象按不同的情况处理:

- 如果遇到空格,则认为是分隔符,不需处理。
- 若遇到操作数,则直接输出。
- 若是左括号,则将其压入至栈中。
- 若遇到的是右括号,表明括号的中缀表达式已经扫描完毕,把括号中的运算符退栈,并输出。
- 若遇到的是运算符,当该运算符的优先级大于栈顶运算符的优先级时,则把它压栈,当该运算符的优先级小于等于栈顶运算符时,将栈顶运算符退栈并输出,再比较新的栈顶运算符,按同样处理方法,直到该运算符大于栈顶运算符优先级为止,然后将该运算符压栈。
- 若中缀表达式处理完毕,则要把栈中存留的运算符一并输出。

上述处理过程的一个关键是不同运算符优先级的设置。在程序实现中,可以用一个数来代表运算符的优先级,优先级数值越大,它的优先级越高,这样优先级的比较就转换为两个数大小的比较。如:加减法运算符的优先级是 1,乘除法和取模运算符的优先级是 2,求幂运算符的优先级是 3,右括号是 5,左括号是 6,其他为 0。

程序的整体算法过程分两步:

第一步,从"input. txt"文件中读取中缀表达式,并应用运算符栈 OpHolder 把中缀表达式转换为后缀表达式,将输出结果(转换后得到的后缀表达式)存放在一个 temp 文件中。

第二步,从 temp 文件中读取后缀表达式,并应用操作数栈 Operands 计算后缀表达式结果,将结果输出到"output. txt"文件中。

对于求幂运算符要特别注意,例如 2^2^3 要变成 223^^,而并不是 22^3^,因为求幂运算符是从右到左结合的。

本程序中的栈采用前面所述的带头节点的链式存储结构,涉及两种类型:用于存储运算符号的 char 类型的链栈以及用于存储操作数的 float 类型的链栈。

本程序将整个求值过程分解为两个步骤:中缀表达式转换为后缀表达式、计算后缀表达式结果值。其实,可以将这两个过程统一合并在一起完成,当然也同样需要操作数和运算符这两类栈。另外,本程序中,应用函数 OperatorValue 来判别运算符的优先级,一种更灵活的方式是应用数组来记录各运算符的优先级。读者可应用以上思路对本程序进一步改进。

2.1.4 设计实现

- 本程序的输入形式是"input. txt"文件,输出结果存放到"output. txt"文件中。在输入文件中等式的格式必须是中缀格式,例如 1+2*3,而且每一行只允许有一个表达式。
- 本程序将读入的中缀表达式转换为后缀表达式,并存放在 temp. txt 文件中;随后从 temp. txt 中读取后缀表达式,并将计算结果输出到 output. txt 中。
- 一个 char 类型的栈"Whereat"用来记录后缀表达式中操作数和运算符号的顺序,以决定需要多少次计算。

```
#include<stdio.h>
#include<stdlib.h>
#include<math.h>

int PrintError = 0;
/* 全局变量,0 代表正常,1 代表表达式出错 */

typedef struct Node * PtrToNode;
typedef PtrToNode Stack;
int IsEmpty(Stack S);
void MakeEmpty(Stack S);
void Push(char X,Stack S);
char Top(Stack S);
void Pop(Stack S);

/* char 类型链表式栈,在中缀表达转换中用来存放运算符号 */
typedef struct Node{
    char Element;
    PtrToNode Next;
};

typedef struct FNode * Ptr_Fn;
typedef Ptr_Fn FStack;
int FisEmpty(FStack S);
void FPush(float X,FStack S);
float FTop(FStack S);
void FPop(FStack S);

/* float 类型链表式栈,用来存放操作数 */
typedef struct FNode{
    float Element;
    Ptr_Fn Next;
};

void ConvertToPost(FILE * In, Stack Whereat,FILE * Temp);
void Reverse(Stack Rev);
void Calculate(FILE * Change, Stack Whereat,FILE * Temp);

/* 主函数 */
int main()
{
```

```
FILE * InputFile, * OutputFile, * Temp;        /* 初始化变量 */
Stack Whereat;
char sample;
InputFile = fopen("input.txt","r");        /* 打开文件 */
OutputFile = fopen("output.txt","w");

Whereat = malloc(sizeof(struct Node));        /* 给 Whereat 分配空间 */
Whereat ->Next = NULL;
if(!InputFile || !OutputFile){        /* 错误处理 */
    printf("input or output file(s)do not exist. \n");
    return(1);
}
sample = getc(InputFile);
while(sample ! = EOF){
    Temp = fopen("temp.txt","w +");        /* 生成 temp.txt 文件 */
    ungetc(sample,InputFile);        /* 将 sample 中字符放回 InputFile */
    ConvertToPost(InputFile,Whereat,Temp);        /* 中缀表达式转换为后缀表达式 */
    if(PrintError){        /* 错误处理 */
        fprintf(OutputFile,"ERROR IN INFIX NOTATION\n");
        fscanf(InputFile,"\n",&sample);
        PrintError = 0;
    }
    else if(IsEmpty(Whereat) == 1){        /* 跳过在 input 文件中的空格 */
    }
    else if(IsEmpty(Whereat)! = 1){
        Reverse(Whereat);
        if(Top(Whereat) == ´B´){        /* 错误处理 */
                                        /* A 表示操作数,B 表示运算符 */
            PrintError = 1;        /* 后缀表达式第一个元素应是操作数而不是运算符号 */
        }
        fclose(Temp);
        Temp = fopen("temp.txt","r +");
        Calculate(OutputFile, Whereat,Temp);        /* 计算结果 */
    }
    fclose(Temp);
    MakeEmpty(Whereat);        /* 清空 Whereat 用来处理下一行 */
    putc(´\n´,OutputFile);        /* 在输出文件中换行 */
    sample = getc(InputFile);
}                                        /* While 循环结束 */
free(Whereat);
fclose(InputFile);
fclose(OutputFile);
remove("temp.txt");        /* 删除 temp.txt */
```

```
    return 1;
}


/* 检查栈是否为空 */
int IsEmpty(Stack S)
{
    return(S->Next == NULL);
}


/* 检查 float 栈是否为空 */
int FIsEmpty(FStack S)
{
    return(S->Next == NULL);
}


/* 弹出栈顶元素 */
void Pop(Stack S)
{
    PtrToNode FirstCell;
    if(IsEmpty(S))
            perror("Empty Stack");
    else{
        FirstCell = S->Next;
        S->Next = S->Next->Next;
        free(FirstCell);
    }
}


/* 弹出 float 栈顶元素 */
void FPop(FStack S)
{
    Ptr_Fn FirstCell;
    if(FIsEmpty(S))
            perror("Empty Stack");
    else{
        FirstCell = S->Next;
        S->Next = S->Next->Next;
        free(FirstCell);
    }
}


/* 将栈置空 */
void MakeEmpty(Stack S)
```

```
{
    if(S == NULL)
        perror("Must use Createstack first");
    else
        while(!IsEmpty(S))
            Pop(S);
}


/ * 将 float 栈置空 * /
void FMakeEmpty(FStack S)
{
    if(S == NULL)
        perror("Must use Createstack first");
    else
        while(!IsEmpty(S))
            Pop(S);
}


/ * 元素进栈 * /
void Push(char X, Stack S)
{
    PtrToNode TmpCell;
    TmpCell = (PtrToNode)malloc(sizeof(struct Node));
    if(TmpCell == NULL)
        perror("Out of Space!");
    else{
        TmpCell ->Element = X;
        TmpCell ->Next = S ->Next;
        S ->Next = TmpCell;
    }
}


/ * float 元素进栈 * /
void FPush(float X, FStack S)
{
    Ptr_Fn TmpCell;
    TmpCell = (Ptr_Fn)malloc(sizeof(struct FNode));
    if(TmpCell == NULL)
        perror("Out of Space!");
    else{
        TmpCell ->Element = X;
        TmpCell ->Next = S ->Next;
        S ->Next = TmpCell;
```

```
        }
    }


/ * 返回栈顶元素 * /
char Top(Stack S)
{
    if(!IsEmpty(S))
        return S ->Next ->Element;
    perror("Empty Stack");
    exit(1);
    return 0;
}


/ * 返回 float 栈顶元素 * /
float FTop(FStack S)
{
    if(!FIsEmpty(S))
        return S ->Next ->Element;
    perror("Empty Stack");
    exit(1);
    return 0;
}


/ * 将栈元素倒置 * /
void Reverse(Stack Rev)
{
    Stack Tempstack;
    Tempstack = malloc(sizeof(struct Node));
    Tempstack ->Next = NULL;
    while(!IsEmpty(Rev)){
        Push(Top(Rev),Tempstack);              / * 将元素压栈到一个临时栈 * /
        Pop(Rev);
    }
    Rev ->Next = Tempstack ->Next;             / * 指向新的栈 * /
}
```

/ * Whereat 说明：
Whereat 记录了操作数和运算符号的位置，用 A 和 B 区分，A = operand, B = operator。
（例如 1 + 2 转换成 12 + ,在 Whereat 中的形式应该是 AAB。）
OpHolder 说明：
Char 类型的栈 OpHolder 用来保存运算符号 * /

```
/* 将中缀表达式转换为后缀表达式 */
void ConvertToPost(FILE * In, Stack Whereat, FILE * Temp)
{
    Stack OpHolder;
    char holder;
    char lastseen;
    int digitcounter = 0;                               /* 操作数的计数器 */
    OpHolder = malloc(sizeof(struct Node));             /* 初始化 */
    OpHolder ->Next = NULL;
    holder = getc(In);
    lastseen = '@';                                     /* 用来防止输入格式错误,例如两个小数点 */
    putc(' ',Temp);

    while((holder ! = '\n')&&(holder ! = EOF)){
        if(holder == ' '){
            digitcounter = 0;
        }
        else if(IsOperator(holder) ==- 1){    /* 如果 holder 不是操作数或运算符号 */
            PrintError = 1;
        }
        else if(IsOperator(holder) == 0){
            if((lastseen == holder)&&(lastseen == '.')){       /* 错误处理 */
                PrintError = 1;
            }
            else
                lastseen = holder;
            if(digitcounter == 0){
                Push('A',Whereat);                      /* 进栈 */
                digitcounter ++ ;                       /* 计数器加一 */
                putc(' ',Temp);
            }
            putc(holder,Temp);
        }
        else{
            digitcounter = 0;
            if((lastseen == holder)&&(lastseen ! = '(')&&(lastseen ! = ')'))
                                                /* "("情况特殊对待 */
                PrintError = 1;
            else
                lastseen = holder;
            if(IsEmpty(OpHolder) == 1){              /* 当 OpHolder 为空 */
                Push(holder,OpHolder);
            }
```

```
    else if(OperatorValue(Top(OpHolder)) == 6){    /* OpHolder 是"("的情况 */
        if(OperatorValue(holder) == 5)
            Pop(OpHolder);
        else
            Push(holder,OpHolder);
    }
    else if(OperatorValue(holder) == 6){
        Push(holder,OpHolder);
    }
    else if(OperatorValue(holder) == 5){    /* OpHolder 是")"的情况 */
    while((IsEmpty(OpHolder)! = 1)&&(OperatorValue(Top(OpHolder))! = 6)){
            putc(´ ´,Temp);
            Push(´B´,Whereat);
            putc(Top(OpHolder),Temp);
            Pop(OpHolder);
        }
        if(IsEmpty(OpHolder) == 1){        /* 错误处理,括号不匹配 */
            PrintError = 1;
        }
        else
            Pop(OpHolder);
    }
    else if((OperatorValue(holder) == OperatorValue(Top(OpHolder)))
            &&(OperatorValue(holder) == 3)){    /* 幂运算情况 */
        Push(holder,OpHolder);
    }
    else if((OperatorValue(holder)<OperatorValue(Top(OpHolder)))
            && OperatorValue(Top(OpHolder)) == 3){   /* 幂运算情况 */
        putc(´ ´,Temp);
        Push(´B´,Whereat);
        putc(Top(OpHolder),Temp);
        Pop(OpHolder);
        while((IsEmpty(OpHolder)! = 1)&&(OperatorValue(Top(OpHolder)) == 3)){
            Push(´B´,Whereat);
            putc(´ ´,Temp);
            putc(Top(OpHolder),Temp);
            Pop(OpHolder);
        }
        Push(holder,OpHolder);
    }
```

　　/* 如果当前运算符号的优先级小于或者等于栈中的运算符号的优先级,则将其放入 Temp 中,并且将栈中的运算符号出栈,放入 Temp 中,直到栈为空或者优先级小于栈顶元素的优先级 */

```
                else if(OperatorValue(Top(OpHolder))>=OperatorValue(holder)){
                    while((IsEmpty(OpHolder)!=1)
                        &&(OperatorValue(Top(OpHolder))>=OperatorValue(holder))
                        &&(OperatorValue(Top(OpHolder))!=6))
                        {
                        putc(´ ´,Temp);
                        putc(Top(OpHolder),Temp);
                        Push(´B´,Whereat);
                        Pop(OpHolder);
                        }
                        Push(holder,OpHolder);
                    }
                    else if(OperatorValue(Top(OpHolder))<OperatorValue(holder)){
/* 如果当前运算符号的优先级大于栈中的运算符号的优先级,则将其压入栈中 */
                        Push(holder,OpHolder);
                    }
                }
            holder=getc(In);
        }                                              /* While 循环结束 */

        while(IsEmpty(OpHolder)!=1){
/* 最后如果栈中还有运算符号,则一并放到 Temp 中 */
            Push(´B´,Whereat);
            putc(´ ´,Temp);
            putc(Top(OpHolder),Temp);
            Pop(OpHolder);
        }
        MakeEmpty(OpHolder);
        free(OpHolder);
}


/* 判断类型,1 为运算符号,0 为操作数,-1 为错误 */
int IsOperator(char ToCompare)
{
    if(ToCompare==´(´ || ToCompare==´)´ || ToCompare==´+´ || ToCompare==´-´
     || ToCompare==´*´ || ToCompare==´/´ || ToCompare==´~´ || ToCompare==´%´)
    {
        return 1;
    }
    else if(ToCompare==´1´ || ToCompare==´2´ || ToCompare==´3´
         || ToCompare==´4´ || ToCompare==´5´ || ToCompare==´6´
         || ToCompare==´7´ || ToCompare==´8´ || ToCompare==´9´
         || ToCompare==´0´ || ToCompare==´.´)
```

```
        {
            return 0;
        }
    else{
        return - 1;
    }
}
```

/ * 返回运算符号的优先级 * /
```c
int OperatorValue(char ValueToGive)
{
    if(ValueToGive == ´(´)
        return 6;
    if(ValueToGive == ´)´)
        return 5;
    if(ValueToGive == ´^´)
        return 3;
    if(ValueToGive == ´%´)
        return 2;
    if(ValueToGive == ´*´)
        return 2;
    if(ValueToGive == ´/´)
        return 2;
    if(ValueToGive == ´+´)
        return 1;
    if(ValueToGive == ´-´)
        return 1;
    return 0;
};
```

/ * 计算后缀表达式 * /
```c
void Calculate(FILE * Change, Stack Whereat, FILE * Temp)
{
    FStack Operands;
    float looker;
    char Op;
    char spacefinder;
    float answer = 0;
    float NumA;
    float NumB;
    Operands = (Ptr_Fn)malloc(sizeof(struct FNode));
    Operands ->Next = NULL;
```

```
      while((IsEmpty(Whereat)! = 1)&& PrintError ! = 1)
      {                                              /* 循环直到 Whereat 空,或者遇到错误 */
          if(Top(Whereat) == ´A´){
              fscanf(Temp," ",&spacefinder);
              fscanf(Temp," % f",&looker);        /* 如果是 A,则是操作数 */
              FPush(looker,Operands);
              Pop(Whereat);
          }
          else if(Top(Whereat) == ´B´){
              fscanf(Temp," ",&spacefinder);    /* 如果是 B,则是运算符 */
              Op = getc(Temp);
              switch(Op){                        /* 判断是什么运算符 */
              case(´^´):                         /* 幂运算 */
                  NumB = FTop(Operands);
                  FPop(Operands);
                  if(FIsEmpty(Operands)){        /* 错误处理 */
                      PrintError = 1;
                  }
                  else{
                      NumA = FTop(Operands);
                      FPop(Operands);
                      if((NumA == 0 && NumB<0) || ((NumA<0)
                          &&(NumB - (int)NumB ! = 0)))
                      {
                          PrintError = 1;
                      }
                      else{
                          answer = pow(NumA,NumB);
                          FPush(answer,Operands);
                      }
                  }
                  break;
              case ´ % ´:                         /* 取模运算 */
                  NumB = FTop(Operands);
                  FPop(Operands);
                  if(FIsEmpty(Operands)){        /* 错误处理 */
                      PrintError = 1;
                  }
                  else{
                      NumA = FTop(Operands);
                      FPop(Operands);
                      if((NumA - (int)NumA ! = 0) || (NumB - (int)NumB ! = 0)
                          || (NumB == 0))
```

```
                {
                    PrintError = 1;
                }
                else{
                    answer = (int)NumA % (int)NumB;   /* x mod b */
                    FPush(answer,Operands);
                }
            }
            break;
        case ´*´:                                         /* 乘法运算 */
            NumB = FTop(Operands);
            FPop(Operands);
            if(FIsEmpty(Operands)){
                PrintError = 1;
            }
            else{
                NumA = FTop(Operands);
                FPop(Operands);
                answer = NumA * NumB;   /* x * y */
                FPush(answer,Operands);
            }
            break;
        case ´/´:                         /* 除法运算 */
            NumB = FTop(Operands);
            FPop(Operands);
            if(FIsEmpty(Operands)){
                PrintError = 1;
            }
            else{
                NumA = FTop(Operands);
                FPop(Operands);
                if(NumB == 0){
                    PrintError = 1;                    /* 分母不为 0 */
                }
                else{
                    answer = (float)(NumA/NumB);       /* x/y */
                    FPush(answer,Operands);
                }
            }
            break;
        case ´+´:                                     /* 加法运算 */
            NumB = FTop(Operands);
            FPop(Operands);
```

```
                    if(FIsEmpty(Operands)){
                        PrintError = 1;
                    }
                    else{
                        NumA = FTop(Operands);
                        FPop(Operands);
                        answer = NumA + NumB;                    /* x + y */
                        FPush(answer,Operands);
                    }
                    break;
                case ´-´:                                        /* 减法运算 */
                    NumB = FTop(Operands);
                    FPop(Operands);
                    if(FIsEmpty(Operands)){
                        PrintError = 1;
                    }
                    else{
                        NumA = FTop(Operands);
                        FPop(Operands);
                        answer = NumA - NumB;                    /* x - y */
                        FPush(answer,Operands);
                    }
                    break;
                default:
                    PrintError = 1;
                    break;
                }                                                /* 判断结束 */
                Pop(Whereat);
            }
        }                                                        /* 循环结束 */
    if(!PrintError){
        answer = FTop(Operands);
        FPop(Operands);
        if(FIsEmpty(Operands)! = 1){
            fprintf(Change,"ERROR IN INFIX NOTATION \n");   /* 如果还有操作数 */
            PrintError = 0;
        }
        else
            fprintf(Change," %.2f",answer);
    }
    else{
        fprintf(Change,"ERROR IN INFIX NOTATION \n");
        PrintError = 0;
```

```
    }
    FMakeEmpty(Operands);
    free(Operands);
}
```

2.1.5 测试方法

设计针对程序的 input.txt 文件,并将运行结果与期望测试结果进行比较,见表 2.1。

表 2.1 测试用例

测试项目	测试实例	期望测试结果
基本测试	3.00	3.00
	1+2+3-4	2.00
	1 + 2(注意:有空格)	3.00
	4.99+5.99+6.99*1.06	18.39
	(3*5*(4+8)%2)	0.00
	2^2^3	256.00
	2^2.5^3	50535.16
	(2-4)^3	-8.00
扩展测试	2.5-3.4/2+1*2	2.80
	(2.5)*(3-2)+5.6-190%3^2^(1+1)	-19.90
	1+2+3	6.00
	1*2*3	6.00
	(1+2)*3+4/(5+1*4)+3.26	12.70
	3+4-6.7+8	8.30
	2.9*1.2+0.5-4%3/2+4^(5-5)	4.48
	2^3-(5+2)/7*9	-1.00
	50-3^2^2+4%2-7*(3)	-52.00
	(((2))-3)	-1.00
	2.5^2	6.25
	2^(4.4-2.4)	4.00
	2^(4.4-3.1)	2.46
	(2-4)^3	-8.00
	(2-4)^(5-8)	-0.13
容错测试	1+2(	ERROR IN INFIX NOTATION
	2/0	ERROR IN INFIX NOTATION
	2%0	ERROR IN INFIX NOTATION
	(2-4)^3.1	ERROR IN INFIX NOTATION
	2.5%2	ERROR IN INFIX NOTATION
	2%2.5	ERROR IN INFIX NOTATION
	2+3)(-5	ERROR IN INFIX NOTATION
	(((2))-3))	ERROR IN INFIX NOTATION
	((((2))-3)	ERROR IN INFIX NOTATION
	3.5/(1-1)	ERROR IN INFIX NOTATION
	(5.6-2)%3	ERROR IN INFIX NOTATION
	5%(3.2-2.1)	ERROR IN INFIX NOTATION
	3.0.2+1	ERROR IN INFIX NOTATION
	1+++1	ERROR IN INFIX NOTATION
	1#1	ERROR IN INFIX NOTATION
	2 2	ERROR IN INFIX NOTATION
	+-+	ERROR IN INFIX NOTATION

2.1.6　评分要点

* 程序员：完成表达式求值程序的设计，程序能够正常运行（20 分）；输入测试数据，能够得到正确的结果，能对输入内容进行数据合法性检测并进行相应的异常处理（20 分）；程序结构合理，有充分的注释（10 分）；数据结构、算法设计巧妙，在正确的基础上提高效率或者增加创新的一些功能，提供友好的输入、输出界面，可相应加分。

* 测试员：设计充足合理的测试用例，包括正常的计算式、复杂的计算式、不合法的计算式（15 分）；完成输入输出表格填写、测试结果分析、算法复杂度分析（9 分）。以上两项可以得到基本分 24 分。测试用例没有涵盖各种情况的，相应扣 3～6 分。测试用例考虑全面、测试结果分析透彻，可相应加分。

* 文档员：完成实验报告第一部分中描述程序所解决的问题以及算法背景等（5 分）；完成第二部分中使用伪代码等方法对算法做出详细的分析设计（9 分）；文档风格统一（2 分）。完成以上内容可以得到基本分 16 分。实验题目分析透彻，算法、数据结构描述恰当，可相应加分。

* 如果程序运行中存在一些错误，可对程序员和测试员适当减分。整个实验完成优秀，可对全组人员适当加分。

* 对小组组长，可根据程序完成情况适当加分。

2.2　树的遍历：文件目录结构的显示

2.2.1　基本知识回顾

1. 树形结构

树形结构是一类十分重要的非线性结构，它可以很好地描述客观世界中广泛存在的具有分支关系或层次特性的对象，如操作系统的文件构成、人工智能搜索算法的模型表示以及数据库系统的信息组织形式等。

树的一种参考定义为：树是 $n(n>0)$ 个节点的有穷集合，满足以下条件：

（1）有且仅有一个称为根（Root）的节点。

（2）其余节点分为 $m(m\geqslant0)$ 个互不相交的非空集合 $T_1,T_2,\cdots,T_m$，而这些集合本身都是一棵树，称为根的子树（SubTree）。例如在图 2.2 中，总共有 11 个节点，其中 A 是根节点，B，C，D 分别是 A 下面的子树，B 子树包含子集{E，F，G}，C 子树包含{H}，D 子树包含{I，J，K}。B，C，D 有共同的父节点 A，因此称为兄弟节点。

下面是一些树结构中的基本术语：

直接前趋：A 为 B 的父节点（Parent），则节点 A 是 B 的直接前趋。

根节点（Root）：没有直接前趋的节点。

节点的度（Degree）：树上任一节点所拥有的子树的数目。例如，图 2.2 中节点 B 的度为 3。

叶子或终端节点（Leaf）：度为 0 的节点。

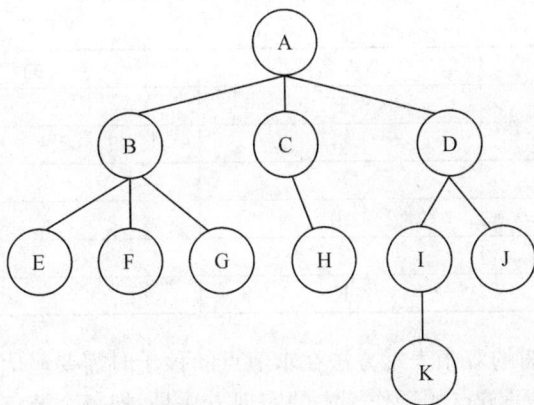

图 2.2　树的示例

分支点或非终端节点:度大于 0 的节点。

树的度:一棵树中所有节点的度的最大值。

兄弟节点(Sibling):父节点相同的节点。例如,图 2.2 中 I 和 J 就是兄弟节点。

节点的层数(Level):根的层数为 1,其余节点的层数为其父节点的层数加 1。

树的高度或深度:一棵树中所有节点层数的最大值。例如,图 2.2 中所示树的高度为 4。

2. 树的存储结构和树的遍历

(1)三种常用的树的存储结构。

双亲表示法:双亲表示的存储方法利用了每个节点都只有唯一的双亲(父节点)的性质(除根节点以外)。在双亲表示法下,每个存储节点由两个域组成:数据域——用于存储树上节点中的数据元素;指针域——用于指示本节点之父节点所在的存储节点。其形式如下:

```
typedef struct {                              /*结构*/
    ElemType data;
    int Parent;                               /*父节点位置*/
}TreeNode;
```

在存储整棵树的时候,可以利用一维数组,同时设置两个参数,用来表示根的位置和节点数,其形式如下:

```
typedef struct{                               /*树结构*/
    TreeNode nodes[MAX_SIZE];
    int root,num;                             /*根的位置和节点数*/
}Tree;
```

例如,表 2.2 表示的是用双亲表示的图 2.2 中树的存储结构。

表 2.2　图 2.2 中树的双亲表示存储结构

数组下标	节点名称	对应的双亲结点下标
0	A	−1
1	B	0
2	C	0
3	D	0
4	E	1

续表

数组下标	节点名称	对应的双亲结点下标
5	F	1
6	G	1
7	H	2
8	I	3
9	J	3
10	K	8

孩子链表表示法:树的双亲表示方法在求节点的孩子时需要遍历整个结构,而孩子链表表示法则便于设计对孩子节点的操作。它的实现方法是:把每个节点的孩子节点排列起来,看成是一个线性表,且以单链表作为存储结构,那么 n 个节点的树将有 n 个孩子链表;而 n 个头指针又组成一个线性表,线性表可以采用顺序存储结构。图 2.3 表示的是图 2.2 中树的孩子链表表示。

```
typedef struct ChildNode{                /* 孩子链表的表节点类型 */
    int  child;                          /* 孩子节点在表头数组中的序号 */
    struct ChildNode * next;             /* 表节点指针域 */
} * ChildPtr;
typedef struct{                          /* 头节点类型 */
    ElemType data;                       /* 节点数据元素 */
    ChildPtr firstchildr;                /* 头节点指针域 */
} CTBox;
typedef struct {
    CTBox nodes[MAX_TREE_SIZE];
    int n, r;                            /* 节点数和根的位置 */
}CTree;
```

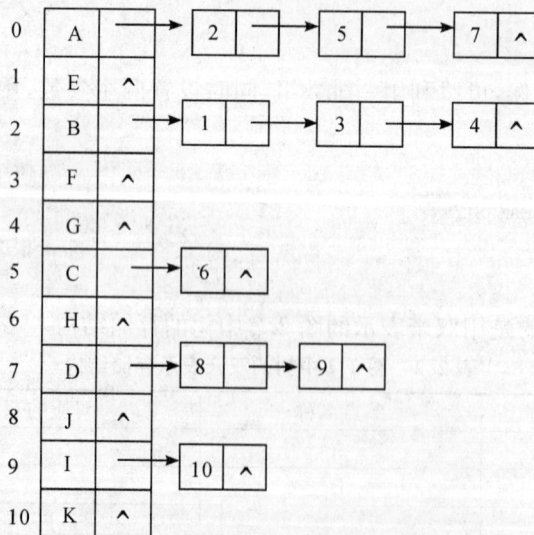

图 2.3 图 2.2 中树的孩子链表表示

孩子兄弟双亲链表表示法：孩子兄弟双亲表示方法中，链表中节点的三个指针域分别指向该节点的父节点、第一个孩子节点和下一个兄弟节点，分别命名为 Parent 域，FirstChild 域和 NextSibling 域。

在孩子兄弟双亲链表表示法中，节点形式统一，节点间的联系比较简洁。同时，在这种存储结构上容易实现树数据结构的大多数运算。因此，孩子兄弟双亲链表表示是树的一种实用的存储结构。图 2.4 表示的是图 2.2 中树的孩子兄弟双亲链表表示。

```
typedef struct TreeNode{
    ElemType data;
    struct TreeNode * FirstChild, * NextSibling, * Parent;
}TreeNode, * Tree;
```

孩子兄弟双亲链表的节点形式：

* FirstChild	data	* NextSibling	* Parent

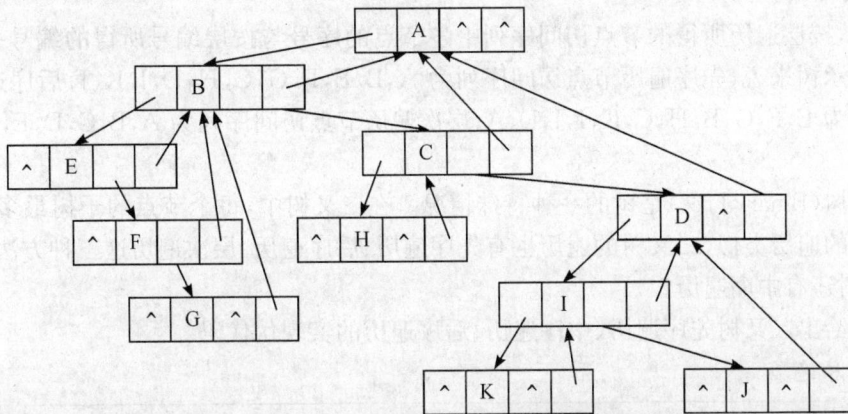

图 2.4　图 2.2 中树的孩子兄弟双亲链表表示

树的孩子兄弟双亲链表表示方法便于实现各种树的操作，但是，它相对应的节点结构比较复杂，每个节点包含了三个指针域和一个数据域。在应用中，如果针对二叉树（BinaryTree），这种表示方法可以进行简化，删除指向父节点的指针，保留两个指针，一个指向左孩子（LeftChild），一个指向右孩子（RightChild），同时保留每个节点的数据域。

这种情况下树的节点声明可以表示为：

```
typedef struct TreeNode * BinaryTreePtr;
Struct TreeNode{
        ElemType data;
        PtrToNode LeftChild;
        PtrToNode RightChild;
}
```

（2）树的遍历：树的遍历是树应用中一种重要的操作。在树的一些应用中，需要在树中查找某些满足特定要求的节点，或者对树中的所有节点逐一进行某些操作，这时就需要对树进行遍历操作，即使每个节点都被访问一次，而且仅被访问一次。由于一般树中的一个节点可以包含两棵以上的子树，因此不便讨论它们的中序遍历，但仍有下列三种树的主要遍历方法。

● 先序遍历

若树非空,则:

访问根节点;

依次先序遍历根的各个子树 $T_1,\cdots,T_m$。

● 后序遍历

若树非空,则:

依次后序遍历根的各个子树 $T_1,\cdots,T_m$;

访问根节点。

● 层次遍历

若树非空,访问根节点;

若第 $1,\cdots,i(i\geqslant1)$ 层节点已被访问,且第 $i+1$ 层节点尚未访问,则从左到右依次访问第 $i+1$ 层节点。

显然,按层遍历所得的节点访问序列中各节点的序号与按层编号所得的编号一致。对图 2.2 所示树来说,先序遍历节点访问序列为 A,B,E,F,G,C,H,D,I,K,J;后序遍历节点访问序列为 E,F,G,B,H,C,K,I,J,D,A;层次遍历节点访问序列为 A,B,C,D,E,F,G,H,I,J,K。

二叉树(BinaryTree)是树的一种特殊情况。在二叉树中,每个节点的子树最多为两棵。与一般树的遍历类似,二叉树的遍历也有先序遍历、后序遍历、层次遍历这三种方法;不同的是,二叉树还有中序遍历。

下面给出二叉树先序遍历、中序遍历、后序遍历的实现伪代码。

● 先序遍历

```
void PreOrder(BinaryTreePtr t)
{
  if(t){
      Visit(t);                    /* 访问根节点 */
      PreOrder(t->LeftChild);      /* 先序遍历左子树 */
      PreOrder(t->RightChild);     /* 先序遍历右子树 */
  }
}
```

● 中序遍历

```
void InOrder(BinaryTreePtr t)
{
  if(t){
      InOrder(t->LeftChild);       /* 中序遍历左子树 */
      Visit(t);                    /* 访问根节点 */
      InOrder(t->RightChild);      /* 中序遍历右子树 */
  }
}
```

● 后序遍历

```
void PostOrder(BinaryTreePtr t)
{
  if(t){
      PostOrder(t->LeftChild);      /*后序遍历左子树*/
      PostOrder(t->RightChild);     /*后序遍历右子树*/
      Visit(t);    /*访问根节点*/
  }
}
```

2.2.2　设计题目

给出 Unix 下目录和文件信息,要求编程实现将其排列成一棵有一定缩进的树。具体要求如下。

输入要求:

输入数据包含几个测试案例。每一个案例由几行组成,每一行都代表了目录树的层次结构。第一行代表目录的根节点。若是目录节点,那么它的孩子节点将在第二行中被列出,同时用一对圆括号"()"界定。同样,如果这些孩子节点中某一个也是目录的话,那么这个目录所包含的内容将在随后的一行中列出,由一对圆括号将首尾界定。目录的输入格式为: * name size,文件的输入格式为:name size,其中 * 代表当前节点是目录,name 表示文件或目录的名称,由一串长度不大于 10 的字符组成,并且 name 字符串中不能含有'(',')','[',']'和'*'。size 是该文件/目录的大小,为一个大于 0 的整数。每一个案例中最多只能包含 10层,每一层最多有 10 个文件/目录。

输出要求:

对每一个测试案例,输出时要求:第 d 层的文件/目录名前面需要插入 8 * d 个空格,兄弟节点之间要在同一列上。不要使用 Tab(制表符)来统一输出的缩进。每一个目录的大小(size)是它包含的所有子目录和文件大小以及它自身大小的总和。

输入例子:

```
* /usr 1
( * mark 1 * alex 1)
(hw. c 3 * course 1)(hw. c 5)
(aa. txt 12)
* /usr 1
()
```

表示有两个不同的根目录,目录名都是/usr,第一个根目录/usr 下包含 mark 和 alex 两个子目录,mark 目录下包含大小为 3 的文件 hw. c 和子目录 course,alex 目录下有一个大小为 5 的文件 hw. c,子目录 course 下包含文件 aa. txt,其大小为 12;第二个根目录/usr 下为空。

输出例子:

```
|_ * /usr[24]
        |_ * mark[17]
        |        |_hw. c[3]
```

```
|              |_ * course[13]
|                        |_aa.txt[12]
|_ * alex[6]
            |_hw.c[5]
|_ * /usr[1]
```

2.2.3　设计分析

目录结构是一种典型的树形结构，为了方便对目录的查找、遍历等操作，可以选择孩子兄弟双亲链表来存储树的结构。程序中要求对目录的大小进行重新计算，根据用户的输入来建立相应的孩子兄弟双亲链表，最后输出树形结构。可以引入一个 Tree 类，将树的构造、销毁、目录大小的重新计算（reSize）、建立树形链表结构（parse）、树形结构输出（outPut）等一系列操作都封装起来，同时对于每一个树的节点，它的私有变量除了名称（Name）、大小（Size）和层数（Depth）之外，根据孩子兄弟双亲链表表示的需要，还要设置三个指针，即父指针（Tree * parent）、下一个兄弟指针（Tree * NextSibling）和第一个孩子指针（Tree * FirstChild）。下面是几个主要函数的实现。

1. 建立树形链表结构的函数 parse( )

根据输入来确定树形关系时，首先读取根节点目录/文件名和大小值，并根据这些信息建立一个新的节点；然后读入后面各行信息，对于同一括号中的内容，即具有相同父节点的那些节点建立兄弟关联。这个函数实际上是采用层次遍历建立树形链表结构。

定义一个 Tree * 类型的数组 treeArray[]，用来存放目录的节点信息，并定义两个整型变量 head 和 rear，head 值用来标记当前节点的父节点位置，每处理完一对括号，head 需要增加 1，即下一对待处理括号的父节点在 treeArray[] 中要往后移一个位置。如果当前处理的节点是目录类型，则将它放在 treeArray[] 数组中，rear 是 treeArray[] 的下标变量，加入一个目录节点信息，rear 就增加 1；如果是文件类型的目录，则需要按照 Name 和 Size 建立一个树的节点，并和 head 所指的父节点建立关联，但是不用放入 treeArray[] 中。

为进一步说明这个树形链表结构的构成，可参考图 2.5，它是根据如下的具体输入例子所形成的结构示意。

输入：

* /usr 1
(* mark 1 * alex 1)
(hw.c 3 * course 1)(hw.c 5)
(aa.txt 12)

形成的数据结构如图 2.5 所示。

2. 目录大小重新计算函数 reSize( )

输入数据中对目录大小的初始化值一般为 1，而目录的真正大小应该是自身的大小和它包含的所有文件及子目录的大小之和。因此，在计算目录大小的时候，需要遍历它下面所有的文件和子目录，可以采用递归嵌套的后序遍历方式。另外要注意，采用孩子兄弟双亲链表表示时，父目录下的所有子目录和子文件都在该父目录的左子树上（右子树第一个节点是该目录的兄弟节点），所以遍历的时候只需要遍历目录的左子树即可。

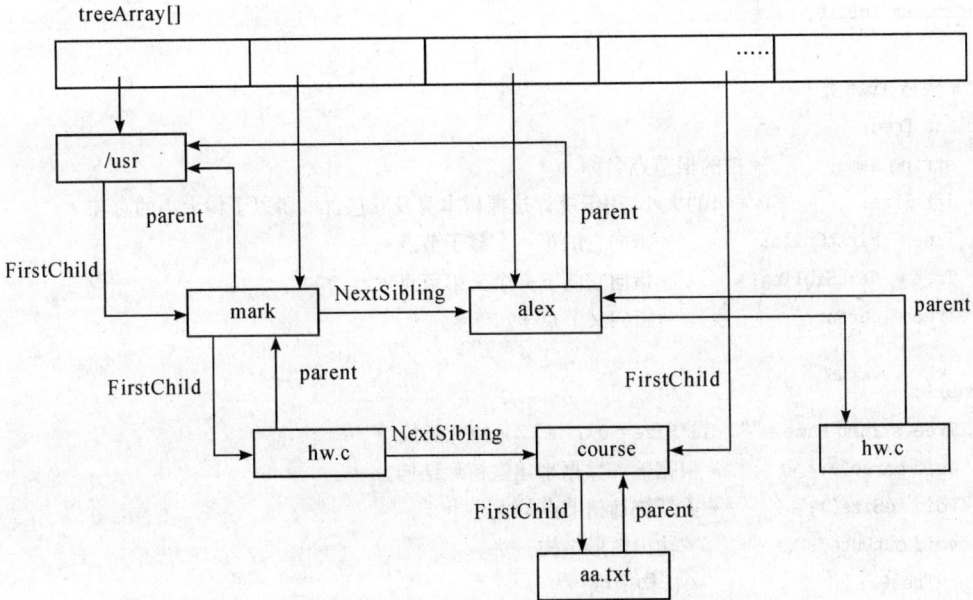

图 2.5 通过 parse()构建的数据结构示例

3. 输出树形结构的函数 outPut( )

输出是一个先序遍历的过程。为完成对树形的输出,兄弟目录之间需要相同的缩进,用'|'上下相连,而父子目录或父目录和子文件之间需要设定正确的缩进,子目录或子文件要比父目录向右缩进 8 个空格。设置一个标志数组 flag[11](每个目录下最大的层次数为10),当前 Tree * temp 指针所指的节点如果有兄弟节点,则置 flag 数组值为 1,否则置为0;并由此节点反复查询它的祖先节点的情况,直到根节点为止。输出时,遇到 flag[]=1时,屏幕输出"| ",表明是兄弟节点;遇到 flag[]=0 则输出" ",这样就可以保证兄弟节点之间有相同的缩进,而子节点总比父节点向右缩进 8 个空格。

4. 消除输入中多余空格的函数 skipWhiteSpace(string & s, int * i)

从用户输入数据中读入一行后,调用该函数来跳过 s 字符串中 s[i]之后的空格,以方便后面的处理。

此外,关于读入目录名称、大小,以及将 string 类型的 Size 值转换成 int 类型的函数的实现,相对比较简单,此处不再赘述。

2.2.4 设计实现

```
#include<string>
#include<iostream>
#include<fstream>
using namespace std;

string s = "";
int startPos = 0;
ofstream outfile;
```

```
    ifstream infile;

    /* 构造 Tree 类 */
    class Tree{
      string Name;        /* 树的根节点名称 */
      int Size;           /* 树的大小,用于统计这棵树本身及其包含的所以子树大小的总和 */
      Tree * FirstChild;      /* 指向它的第一个孩子节点 */
      Tree * NextSibling;     /* 指向它的下一个兄弟节点 */
      Tree * parent;          /* 指向父节点 */

    public:
      Tree(string Name = "", int Size = 0);     /* 构造函数 */
      void parse();         /* 根据输入数据来建立树形结构 */
      void reSize();        /* 重新统计树节点的大小 */
      void outPut();        /* 输出树形结构 */
      ~Tree();              /* 析构函数 */
    };

    /* 树节点数组 treeArray[],用来标注父节点位置的 head 和目录节点的 rear */
    Tree * treeArray[100];
    int head = 0, rear = 0;

    /* 建立只有一个节点的树,其三个指针域均为空 */
    Tree::Tree(string Name, int Size)
    {
      this -> Name = Name;
      this -> Size = Size;
      FirstChild = NULL;
      NextSibling = NULL;
      parent = NULL;
    }

    /* 析构函数,删除同一个根节点下的各个子节点,释放空间 */
    Tree::~Tree()
    {
      Tree * temp;
      Tree * temp1;
      temp = FirstChild;
      while(temp ! = NULL)
      {
          temp1 = temp;
          temp = temp -> NextSibling;
          delete temp1;
```

```
    }
}


/*后序遍历根节点下的所有节点,将每一个节点的 Size 值都加到根节点的 Size 中去 */
void Tree::reSize()
{
    Tree * temp = this;


/*如果当前的节点没有孩子节点,则它的 Size 值不变,即为输入时候的值 */
    if(temp->FirstChild != 0){
        temp = temp->FirstChild;
        while(temp != 0){
            temp->reSize();
            Size += temp->Size;
            temp = temp->NextSibling;
        }
    }
}


/*检查 Name 中有无非法字符 */
bool checkName(string s)
{
    if(s.length()>= 10)
        return false;
    if(s[0]! = ´*´ &&(s[0] == ´*´ || s[0] == ´(´ || s[0] == ´)´ || s[0] == ´[´ || s[0] == ´]´))
        return false;
    for(int i = 1;i<s.length();i++){
        if(s[i] == ´*´ || s[i] == ´(´ || s[i] == ´)´ || s[i] == ´[´ || s[i] == ´]´)
            return false;
    }
    return true;
}


/*按照先序遍历的方式有缩进地输出树形结构 */
void Tree::outPut()
{
    Tree * temp;                    /*用来指向当前节点的祖先节点 */
    Tree * temp1;
    bool flag[11];                  /*用来标志输出缩进、层次情况的数组 */
    int i;

    outfile.open("output.txt",ios::app);
    if(!outfile){
```

```
            cout≪"cannot append the output file. \n";
            exit(0);
        }
        if(!checkName(Name)){
            cout≪"input error! -- "≪Name≪endl;
            exit(0);
        }
        outfile≪"|_"≪Name≪"["≪Size≪"]\n";
        outfile.close();

    /* 输出当前的节点信息 */
        temp1 = FirstChild;           /* 用来指向当前节点的子节点 */

        while(temp1 ! = NULL)
        {
            outfile.open("output.txt",ios::app);
            if(!outfile){
                cout≪"cannot append the output file. \n";
                exit(0);
            }

            i = 0;
            temp = temp1;
            while(temp ->parent ! = NULL)
            {
    /* 当前 temp 指针所指的节点如果有兄弟节点,则置 flag 数组值为 1,否则置为 0;并由此节
点反复查询它的祖先节点的情况,直到根节点为止 */
                if(i >= 10){
                    /* 检查当前的父目录包含的子文件(或目录层数)是否大于 10 */
                    cout≪"input error! -- directory contains more than 10 levels. "≪endl;
                    exit(0);
                }
                temp = temp ->parent;
                    if(temp ->NextSibling ! = NULL)
                    flag[i++] = true;
                else
                    flag[i++] = false;
            }
    /* 兄弟节点之间有相同的缩进,子节点比父节点向右缩进 8 个空格 */
            while(i--)
            {
                if(flag[i] == true)
                    outfile≪"|        ";
```

```
        else
            outfile≪"            ";
    }
    outfile.close();
    temp1 ->outPut();
    temp1 = temp1 ->NextSibling;
    }
}
```

```
/* 跳过字符串 s 中,第( * i)个之后多余的空格 */
void skipWhiteSpace(string& s, int * i)
{
    while(s[ * i] == ´\t´ ‖ s[ * i] == ´ ´)
        ( * i) + + ;
}
```

```
/* 获取输入行中一对´()´之间的字符串,即为同一父节点下的子节点 */
string getSubDir(string& line, int * startPos)
{
    string res = "";
    skipWhiteSpace(line,startPos);
    while(line[ * startPos] ! = ´)´)
        res += line[( * startPos) + + ];
    res += line[( * startPos) + + ];
    skipWhiteSpace(line, startPos);
    return res;
}
```

```
/* 由于用户输入时候目录的大小 Size 值为 string 类型,因此需要将它转变成 int 类型 */
int stringToNum(string s)
{
    int num = 0;
    unsigned int i = 0;
    while(i<s. length())
    {
        num * = 10;
        num += s[i + + ] - ´0´;
    }
    return num;
}
```

```
/* 提取目录/文件的名称 */
string getName(string& s, int * i)
```

```
{
    string name = "";
    while(s[ * i] ! = ´ ´ && s[ * i] ! = ´\t´)
        name += s[( * i) + + ];
    return name;
}
```

/ * 提取目录/文件的大小，然后将 string 类型转换成 int 类型 * /
```
int getSize(string&s, int *  i)
{
    string size = "";
    while((unsigned int)( * i)<s. length()&& s[ * i] ! = ´ ´ && s[ * i] ! = ´\t´ && s [ * i] ! = ´)´)
        size += s[( * i) + + ];
    return stringToNum(size);
}
```

/ * 根据用户的输入字符串来构建树的结构 * /
```
void Tree::parse()
{
    Tree *  temp;
    string line;
    string name;
    int size;
```

/ * head 值用来标记当前节点的父节点位置；如果当前处理的节点是目录类型，则将它放在 treeArray[]数组中，下标用 rear 来记录；如果是文件类型的目录，则需要按照 name 和 size 建立一个树的节点，并和 head 所指的父节点建立关联，但是不用放入 treeArray[]中 * /
```
    while(getline(infile,line,´\n´))
    {
        startPos = 0;
        while(1)
        {
            s = getSubDir(line, &startPos);
            int i = 1;
            skipWhiteSpace(s, &i);
            if(s[i] ! = ´)´)
            {
                skipWhiteSpace(s,&i);
                name = getName(s,&i);
                skipWhiteSpace(s,&i);
                size = getSize(s,&i);
                temp = treeArray[head % 100]->FirstChild = new Tree(name, size);
                temp ->parent = treeArray[head % 100];
```

```cpp
                    if(name[0] == ´ * ´)
                        treeArray[(rear ++) % 100] = temp;
                    skipWhiteSpace(s,&i);
                }
                while(s[i] ! = ´)´)
                {
                    skipWhiteSpace(s,&i);
                    name = getName(s,&i);
                    skipWhiteSpace(s,&i);
                    size = getSize(s,&i);
                    temp ->NextSibling = new Tree(name,size);
                    skipWhiteSpace(s,&i);
                    temp = temp ->NextSibling;
                    temp ->parent = treeArray[head % 100];
                    if(name[0] == ´ * ´)
                        treeArray[(rear ++) % 100] = temp;
                }
                head ++ ;                /* 由一对括号组成的目录构成扫描完毕 */
                if((unsigned int)startPos >= line.length())
                /* 测试是否一行扫描完毕 */
                    break;
            }
        /* 只有一个根节点的情况 */
        if(head == rear)
            break;
    }
}


/* 主测试文件 main.cpp */
int main()
{
    Tree * fileTree;
    string s;
    string name;
    int size;

    outfile.open("output.txt");
    if(!outfile){
        cout <<"cannot open the output file!\n";
        exit(0);
    }

    outfile <<"The result is as follows:\n";
```

```
        outfile.close();

        infile.open("input.txt",ios::out);
        if(!infile){
            cout<<"cannot open the input file! \n";
            exit(0);
        }

        while(getline(infile,s,'\n'))
        {
            int i = 0;
            skipWhiteSpace(s, &i);
            name = getName(s,&i);
            skipWhiteSpace(s,&i);
            size = getSize(s,&i);
            fileTree = new Tree(name, size);
            if(name[0] == '*')
            {
                treeArray[rear++] = fileTree;
                fileTree->parse();
            }
            fileTree->reSize();
            fileTree->outPut();
            delete fileTree;
        }
        infile.close();
        return 0;
    }
```

2.2.5　测试方法

为了测试程序的正确性,需要分别测试它在正常情况和异常情况下的表现情况。

正常情况下的输入数据要求是:目录的初始大小一般设为 1,目录名中不能包含 '(',')','[',']'和'*'这些字符,加入多余的空格不影响最后的输出结果;同一个父目录下的兄弟节点用一对圆括号括起来;同一层上的不同父节点下的子节点均列在同一行中,但按照父节点的不同用圆括号加以界定。

1. 数据正常的测试案例

输入数据:

```
*/usr 1
(*mark 1 *alex 1)
(hw.c 3 *course 1)(hw.c 5)
(aa.txt 12)
*/usr 1
```

( )
* /usr000009 1
(* mark 1 * alex 1 * bill 1)
(* book 1 * course 1 junk. c 6)(junk. c 8)(* work 1 * course 1)
(ch1. r 3 ch2. r 2 ch3. r 4)(* cop3530 1)( )(* cop3212 1)
(* fall96 1 * spr97 1 * sum97 1)(* fall96 1 * fall97 1)
(syl. r 1)(syl. r 5)(syl. r 2)(grades 3 prog1. r 4 prog2. r 1)(prog2. r 2 prog1. r 7 grades 9)

正确的输出结果如下:
```
|_ * /usr[24]
        |_ * mark[17]
        |        |_hw. c[3]
        |        |_ * course[13]
        |                |_aa. txt[12]
        |_ * alex[6]
                |_hw. c[5]
|_ * /usr[1]
|_ * /usr000009[72]
        |_ * mark[30]
        |        |_ * book[10]
        |        |        |_ch1. r[3]
        |        |        |_ch2. r[2]
        |        |        |_ch3. r[4]
        |        |_ * course[13]
        |        |        |_ * cop3530[12]
        |        |                |_ * fall96[2]
        |        |                |        |_syl. r[1]
        |        |                |_ * spr97[6]
        |        |                |        |_syl. r[5]
        |        |                |_ * sum97[3]
        |        |                        |_syl. r[2]
        |        |_junk. c[6]
        |_ * alex[9]
        |        |_junk. c[8]
        |_ * bill[32]
                |_ * work[1]
                |_ * course[30]
                        |_ * cop3212[29]
                                |_ * fall96[9]
                                |        |_grades[3]
                                |        |_prog1. r[4]
                                |        |_prog2. r[1]
                                |_ * fall97[19]
                                        |_prog2. r[2]
                                        |_prog1. r[7]
                                        |_grades[9]
```

2. 数据异常的测试案例

目录或文件名包含′(′,′)′,′[′,′]′和′∗′等符号。

同一个父目录下的层次数大于 10,或者同一层上包含的目录或文件总数多于 10 个。下面给出三组异常的测试数据。

输入数据	期望输出结果
∗ /usr000000000000001 ()	input error! —— ∗ /usr00000000000000
∗ a 1 (aa. txt 1 ∗ b 1) (∗ c 1) (∗ d 1) (∗ e 1) (∗ f 1) (∗ g 1) (∗ h 1) (∗ i 1) (∗ j 1) (∗ k 1) (a. txt 10)	input error! —directory contains more than 10 levels.
∗ /usr 1 (∗ mark 1 ∗ alex 1) ([hw. c] 3 ∗ course 1)(hw. c 5) (aa. txt 12)	input error! —[hw. c]

2.2.6 评分要点

* 程序员:能够完成算法,正确地输入、输出相关内容,并且有充分的注释就可以得到基本分 40 分。如果能对输入内容进行数据合法性检测并进行相应的异常处理,则可考虑给 45 分以上。如果在处理异常数据的时候,有更好的处理能力,比如可以检查用户输入中的 "("和")"是否相配,或者可以检测上层的目录是否有相应的下层目录或文件对应,可相应加分。数据结构、算法设计巧妙,在正确的基础上提高效率或者增加创新的一些功能,亦相应加分。

* 测试员:提供多个测试用例,包括正常的、边界的以及不合法的测试输入,不合法的输入包括目录或文件名中包含非法字符、输入的目录的层次大于 10 等情况,并根据测试结果填写测试报告(16 分),完成测试结果分析与探讨(8 分),可以得到基本分 24 分。测试用例没有涵盖各种情况的,相应扣 3~6 分。测试用例考虑全面、测试结果分析透彻,可相应加分。

* 文档员:完成实验报告第一部分(5 分)和第二部分(9 分)内容,文档风格统一(2 分),可以得到基本分 16 分。实验题目分析透彻,算法、数据结构描述恰当,可相应加分。

* 如果程序运行中存在一些错误,对程序员和测试员适当给以减分。整个实验完成优秀,可对全组人员适当加分。

## 第 3 章

图结构案例详解

图结构是一种较为复杂的数据结构。对图结构最主要、最基本的操作是图的遍历。典型的遍历方法主要是深度遍历和广度遍历,即深度优先搜索和广度优先搜索。图结构也是一种具有广泛应用的数据结构。图的应用问题主要可归结为:求图中顶点间的最短路径、图的关键路径、图的拓扑排序、图的最小生成树等。本章通过"拯救007"和"迷宫问题"这两个课程设计案例分别回顾了图的最短路径与深度优先搜索的基本知识和基本方法,并对两个课程设计的具体设计与实现进行了详细的分析。

3.1 最短路径:拯救 007

3.1.1 基本知识回顾

1. 图的概念

图(Graph)是一种较线形结构和树形结构更为复杂的非线性数据结构,这种复杂性主要来自数据元素之间的复杂关系。在图结构中,任何两个数据元素之间都可能存在关系,一般用顶点表示数据元素,而用顶点之间的连线表示数据元素之间的关系。所以图是一个由顶点集合和边集合构成的偶对。

图的二元组定义为:$G=(V,E)$。其中 V 是非空的顶点集合,即 $V=\{v_i\,|\,0\leqslant i\leqslant n-1,n\geqslant 1,v_i\in \text{VertexType}\}$,其中 VertexType 和前面使用过的 ElemType 一样可以表示任何类型,n 为顶点数;E 是 V 上的二元关系集合。如果在图 G 的关系集合 E 中,顶点偶对 $<v,w>$ 的 v 和 w 是有序的,则称 G 为有向图(Directed Graph);若前后顺序无关,则称 G 为无向图(Undirected Graph)。

2. 图的基本术语

端点、顶点和邻接点:在无向图中,若存在一条边 (v_i,v_j),则称 v_i,v_j 为此边的两个端点,并称它们互为邻接点(Adjacent Points)。在有向图中,若存在一条边 $<v_i,v_j>$,则称此边是顶点 v_i 的一条出边(Out-edge),顶点 v_j 的一条入边(In-edge);v_i 称为起点,v_j 称为终点。

顶点的度:无向图中顶点 v 的度(Degree)定义为以该顶点为一个端点的边的数目,记为 $D(v)$。有向图中顶点 v 的度有入度和出度之分,入度(In-degree)是该顶点的入边的数目,记为 $ID(v)$;出度(Out-degree)是该顶点的出边的数目,记为 $OD(v)$;顶点 v 的度等于它的入度和出度之和。

完全图:对于 n 个点的有向图,其边数最多可达 $n(n-1)$ 条,具有最大边数的有向图称为完全有向图。对于 n 个点的无向图,最大边数可达 $n(n-1)/2$,具有最大边数的无向图称为完全无向图。当一个图接近完全图时,称它为稠密图,反之称为稀疏图。

子图:设有两个图 $G=(V,E)$ 和 $G'=(V',E')$,若 V' 是 V 的子集,即 $V'\subseteq V$,且 E' 是 E 的子集,即 $E'\subseteq E$,则称 G' 是 G 的子图。

路径和回路:在一个图 G 中,从顶点 v 到顶点 v' 的一条路径(Path)是一个顶点序列 v_{i1},v_{i2},$\cdots$,v_{im},其中 $v=v_{i1}$,$v'=v_{im}$。路径长度是指该路径上经过的边的数目。若一条路径上除了前后端点可以相同外,所有顶点均不同,则称此路径为简单路径。若一条路径上前后两端点相同,则被称为回路或环(Cycle),前后两端点相同的简单路径被称为简单回路或简单环。

连通和连通分量:在无向图 G 中,若从顶点 v_i 到 v_j 有路径,则称 v_i 和 v_j 是连通的。若图 G 中任意两个顶点都连通,则称 G 为连通图,否则称为非连通图。无向图 G 的极大连通子图称为 G 的连通分量。显然,任何连通图的连通分量只有一个,即本身,而非连通图有多个连通分量。例如图 3.1 中的(a)是一个非连通图,它包含有三个连通分量,分别是(b)、(c)、(d)所对应的子图。

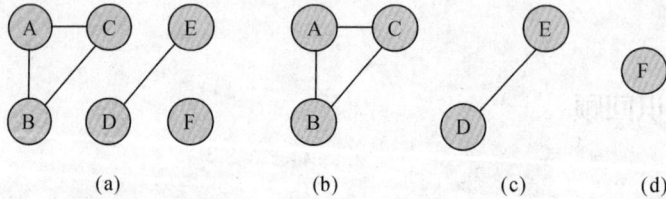

图 3.1　非连通图和连通分量

权和网:在一个图中,每条边可以标上具有某种含义的数值,此数值称为该边的权(Weight),通常假定权为非负数。边上带有权的图称为带权图,也叫做网(Network)。图 3.2 就分别显示了一个无向带权图(a)和有向带权图(b)。

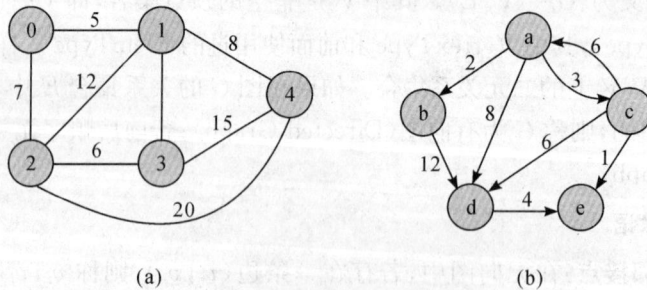

图 3.2　无向带权图和有向带权图

3. 最短路径

最短路径定义:由图的概念可知,在一个图中,若从一个顶点到另一个顶点存在着一条路径(这里只讨论无回路的简单路径),则称该条路径长度为该路径上所有经过的边的数目,它也等于该路径上的顶点数减 1。由于从一个顶点到另一个顶点可能存在着多条路径,每条路径上所经过的边数可能不同,把路径长度最短(经过的边数最少)的那条路径叫做最短路径,其路径长度叫做最短距离。

上述问题只是对无权图而言,若图是带权图,则把从一个顶点 v_i 到 v_j 的一条路径上所有经过边的权值之和定义为该路径的带权路径长度。把带权路径长度最短的那条路径称为该有权图的最短路径,其路径长度称为最短距离。

Dijkstra 算法:如何求解从一个顶点到其余每个顶点的最短路径呢? 狄克斯特拉(Dijkstra)于 1959 年提出了解决此问题的一种按路径长度的递增次序产生最短路径的算法。基本思想是:从图中给定源点到其他各个顶点之间客观上应各存在一条最短路径,在这组最短路径中,按其长度的递增次序求出到不同顶点的最短路径和路径长度。

如果设 S 为已经求得最短路径的终点集合,定义一个数组 $dist[n]$,存放从源点 v_s 出发,中间只经过集合 S 中的顶点而到达各个终点的路径中长度最小的路径长度值。这样,下一条最短路径的终点 v_i 必定是不在 S 中且 $dist[i]$ 值最小的顶点。即

$$dist[i]=\min\{dist[k]\,|\,v_k\in V-S\}$$

Dijkstra 算法的基本步骤可描述为:

①令 $S=\{v_s\}$,并对每个顶点 v_i 按下面的公式赋初值:

$$dist[i]=\begin{cases} 0 & \text{当 } i=s \text{ 时}\\ w_{si} & \text{当 } i\neq s \text{ 且} <v_s,v_i> \text{为图的一条边},w_{si} \text{为边的权值}\\ \infty & \text{当 } i\neq s \text{ 且} <v_s,v_i> \text{不是图的一条边} \end{cases}$$

②选择一个顶点 v_j 使得 $dist[j]=\min\{dist[k]\,|\,v_k\in V-S\}$。$v_j$ 就是求得的下一条最短路径的终点,将 v_j 并入到集合 S 中,即 $S=S\cup\{v_j\}$。

③对 $V-S$ 中的每个顶点 v_k,修改 $dist[k]$ 的值。即:如果 $dist[j]+w_{jk}<dist[k]$,则 $dist[k]=dist[j]+w_{jk}$。

④重复步骤②和③,直到 $S=V$ 为止。这样就求出了图中从源点 v_s 到其他顶点的最短路径长度的递增序列。

3.1.2 设计题目

看过 007 系列电影的人们一定很熟悉 James Bond 这个世界上最著名的特工了。在电影"Live and Let Die"中 James Bond 被一组毒品贩子捉住并且关到湖中心的一个小岛上,而湖中有很多凶猛的鳄鱼。这时 James Bond 做出了最惊心动魄的事情来逃脱——他跳到了最近的鳄鱼的头上,在鳄鱼还没有反应过来的时候,他又跳到了另一只鳄鱼的头上……最后他终于安全地跳到了湖岸上。

假设湖是 100×100 的正方形,设湖的中心在 $(0,0)$,湖的东北角的坐标是 $(50,50)$。湖中心的圆形小岛的圆心在 $(0,0)$,直径是 15。一些凶残的鳄鱼分布在湖中不同的位置。现已知湖中鳄鱼的位置(坐标)和 James Bond 可以跳的最大距离,请你告诉 James Bond 一条最短的到达湖边的路径。他逃出去的路径的长度等于他跳的次数。

输入要求:

程序从"input.txt"文件中读取输入信息,这个文件包含了多组输入数据。每组输入数据的起始行中包含两个整数 n 和 d,n 是鳄鱼的数量而且 $n\leq100$,d 是 007 可以跳的最大距离而且 $d>0$。起始行下面的每一行是鳄鱼的坐标 (x, y),其中 x,y 都是整数,而且没有任

何两只鳄鱼出现在同一个位置。input. txt 文件以一个负数结尾。

输出要求：

程序结果输出到 output. txt 文件中。对于每组输入数据，如果 007 可以逃脱，则输出到 output. txt 文件的内容格式如下：第一行是 007 必须跳的最小的步数，然后下面按照跳出顺序记录跳出路径上的鳄鱼坐标(x, y)，每行一个坐标。如果 007 不可能跳出去，则将－1 写入文件。如果这里有很多个最短的路径，只需输出其中的任意一种。

输入例子：

```
4 10             /＊第一组输入数据＊/
17 0
27 0
37 0
45 0
1 10             /＊第二组输入数据 ＊/
20 30
－1
```

输出例子：

```
5                /＊对应第一组数据的输出 ＊/
17 0
27 0
37 0
45 0
－1               /＊对应第二组数据的输出 ＊/
```

提示：将每个鳄鱼看作图中的一个顶点。如果 007 可以从 A 点跳到 B 点，则 A 和 B 之间就有一条边。

3.1.3 设计分析

1. 明确题目中的已知条件

（1）007 被关的小岛在湖的中心；

（2）小岛是圆形，圆心在$(0,0)$，而且直径是 15；

（3）没有两只鳄鱼在同一个位置；

（4）鳄鱼的坐标值都是整数。

2. 一些判断 007 是否跳出的细节

（1）判断 007 是否能够直接从岛上跳到湖岸：由已知条件可得，湖是一个正方形，边长为 100，中心是在$(0,0)$，四个顶点分别是$(50,50)$，$(50,-50)$，$(-50,-50)$，$(-50,50)$。而湖中小岛的直径是 15。所以如果 007 可以跳大于等于$(50-15/2)=42.5$，他就可以直接从小岛跳到湖岸，而不用经过鳄鱼。

（2）判断 007 是否能够从岛上跳到湖中点 A：已知小岛半径是 7.5，假设点 A 的坐标是(x,y)，007 的步长是 L，则当点 A 到中心$(0,0)$的距离小于等于 007 的步长加上小岛的半径 7.5 的时候就能确定 007 可以从岛上跳到点 A，即 $x^2+y^2\leqslant(L+7.5)^2$。

（3）判断 007 是否能够从点 A 跳到点 B：假设 007 的步长是 L，所以如果两点之间的距

离小于等于 L，则判断 007 可以从 A 跳到 B，即$(A.x-B.x)^2+(A.y-B.y)^2 \leqslant L^2$；其他情况时 007 不能从 A 点跳到 B 点。

（4）判断 007 是否能够从点 A 跳到湖岸：当从 A 点到湖岸的距离小于等于 007 的步长的时候，说明他可以从 A 点跳到湖岸，$|A.x|+L \geqslant 50$ 或 $|A.y|+L \geqslant 50$；其他情况时 007 不能从 A 点跳到湖岸。

主要数据结构与算法：

为了记录 007 跳过的路径，可定义如下结构：

```
typedef unsigned int Vertex;
typedef double Distance;


typedef struct GraphNodeRecord{
    int X;                      /* x轴坐标 */
    int Y;                      /* y轴坐标 */
    unsigned int Step;          /* 记录到本节点一共跳了多少步 */
    Vertex Path;                /* 指向本节点的父节点，即跳到本节点之前 007 所在的节点 */
} GraphNode;
typedef GraphNode * Graph;
```

寻找跳出路径的算法：

```
/* 读入一组测试数据返回 007 跳过的路径 Graph，* Bank 记录最短到达湖岸的路径。该算法实际上
是应用队列对图进行广度搜索，以寻找到岸边的最短路径（最少的边数），其中入队列与出队列函数分别
是 Inject() 和 Pop() */
Graph read_case(FILE * InFile, int num, Vertex * Bank, Deque D)
{
    Graph G = NULL;
    Distance JamesJump;
    Vertex V;
    int x, y;
    int i, Times;
    * Bank = 0;   /* 初始化跳出的路径的记录 */
    fscanf(InFile, "%lf", &JamesJump);   /* 读取步长 */
    if(Bond can jump to the bank directly)
    {
        * Bank = 1;                     /* 直接跳出的情况 */
    }
    else if(num > 0)                    /* 007 必须经过鳄鱼头上的情况 */
    {
        num += 2;
        G = GraphNew(num);
        for(i = 2; i < num; i++)        /* 第3个 node 开始是鳄鱼 */
        {
            if(Bond can jump to G[i] from island)  /* 判断是否能从岛上跳上该点 */
```

```
            {
                G[i].Path = 1;
                G[i].Step = 1;                        /* 一步 */
                if(Bond can jump to bank from G[i])   /* 判断该点是否能跳出 */
                {
                    * Bank = i;                       /* 007 可以跳出,记录该点 */
                    Skip other crocodile
                    break;
                }
                else
                    Inject(i, D);                     /* 插入该点,并开始下一个检测 */
            }
        }
        while(!IsEmpty(D))    /* 只经过一只鳄鱼无法跳出,必须还要跳到其他鳄鱼的情况 */
        {
            V = Pop(D);
            for(i = 2; i < num; i++)               /* 从这只鳄鱼跳到其他各只鳄鱼 */
            {
                if(bond can jump from v to i, and step of i > step of v + 1)
                {
                    G[i].Path = V;
                    G[i].Step = G[V].Step + 1;   /* 把 i 点连到 v 点后面 */
                    if(bond can jump from i to bank and the path is shorter than others)
                        * Bank = i;
                    else
                        Inject(i, D);
                }
            }
        }
    }
    return G;
}
```

在执行完算法 read_case 后, * Bank 值可能有如下 3 种可能:

(1)0,意味着 007 无法逃脱出去;

(2)1,意味着 007 可以直接从岛上跳出去,而不用经过鳄鱼的脑袋;

(3)k,返回的第 k 点是 007 经过最短路径逃出鳄鱼潭时经过的最后一个顶点。可以根据G[k]的 path 参数来追踪该点的上一点,由此类推可以得到 007 逃脱的最短路径。

3.1.4 设计实现

本程序包含 3 个头文件和 4 个 C 源程序文件,分别是:Graph. h、Graph. c、Deque. h、Deque. c、error. h、error. c、main. c。

1. Graph. h

```c
#ifndef _GRAPH_H_
#define _GRAPH_H_

#define ISLAND_DIAMETER 15          /* 小岛的直径 */
#define LAKE_BOUNDARY_X      50     /* 小岛到湖岸的距离,在 x 轴上 */
#define LAKE_BOUNDARY_Y      50     /* 小岛到湖岸的距离,在 y 轴上 */
#define INFINITY          10000     /* 可以跳的步数的最大值 */

typedef unsigned int Vertex;
typedef double Distance;

typedef struct GraphNodeRecord{
    int X;                          /* x 轴坐标 */
    int Y;                          /* y 轴坐标 */
    unsigned int Step;              /* 跳至该点的步数 */
    Vertex Path;                    /* 记录上一个点 */
} GraphNode;
typedef GraphNode * Graph;

Graph GraphNew(int NodeNum);
void GraphDelete(Graph G);

/* 判断 007 是否能从起始处跳至该点(x, y) */
int CheckForStart(int x, int y, Distance d);
/* 判断 007 是否能从该点跳至湖岸 */
int CheckForEnd(int x, int y, Distance d);
/* 判断 007 是否能从点 i 跳至点 j */
int CheckForConnect(Graph g, Vertex i, Vertex j, Distance d);

#endif
```

2. Graph. c

```c
#include "Graph. h"
#include "error. h"
#include<stdlib. h>

/* 创建新的 Graph */
Graph GraphNew(int NodeNum)
{
    Graph G;
    int i;
    if(NodeNum<= 0)return NULL;
```

```
    G = malloc(NodeNum * sizeof(GraphNode));      /* 分配空间 */
    CHECK(G);
    for(i = 0; i<NodeNum; i++)                     /* 初始化 */
    {
        G[i].X = 0;
        G[i].Y = 0;
        G[i].Step = INFINITY;
        G[i].Path = 0;
    }
    return G;
}


/* 删除一个 Graph */
void GraphDelete(Graph G)
{
    if(G)free(G);
}


/* 判断 007 是否能从起始处跳至该点(x, y),步长是 d */
int CheckForStart(int x, int y, Distance d)
{
    double t;
    t = (ISLAND_DIAMETER + (d * 2.0));
    return(x * x + y * y)<= t * t/4.0;             /* x^2 + y^2<= (ISLAND_DIAMETER/2.0 + d)^2 */
}


/* 判断 007 是否能从该点跳至湖岸,步长是 d */
int CheckForEnd(int x, int y, Distance d)
{
    if(x<0)x = - x;                                /* 取 x 的绝对值 */
    if(y<0)y = - y;                                /* 取 y 的绝对值 */
    return(d>= LAKE_BOUNDARY_X - x)               /* 由于湖是个正方形,只需检查这两个距离 */
        || (d>= LAKE_BOUNDARY_Y - y);
}


/* 判断 007 是否能从点 i 跳至点 j,步长是 d */
int CheckForConnect(Graph g, Vertex i, Vertex j, Distance d)
{
    int x, y;
    x = g[i].X - g[j].X;
    y = g[i].Y - g[j].Y;
    return x * x + y * y<= d * d;
}
```

3. Deque. h

```
#ifndef _DEQUE_H_
#define _DEQUE_H_

typedef unsigned int ElemType;          /*在本程序中 ElemType 指定为 int */

/*链表形式*/
typedef struct NodeRecord{
    ElemType Element;
    struct NodeRecord * Next;           /*指向下一个 node */
} * Node;
typedef struct DequeRecord{
    Node  Front, Rear;                  /*分别指向 Deque 的前后两个点*/
} * Deque;

Deque DequeNew();
void  DequeDelete(Deque D);
void  DequeClear(Deque D);
int IsEmpty(Deque D);
void Push(ElemType X, Deque D);
ElemType Pop(Deque D);
void Inject(ElemType X, Deque D);
#endif
```

4. Deque. c

```
#include "Deque. h"
#include "error. h"
#include<stdlib. h>
/*创建新的 Deque */
Deque DequeNew()
{
    Deque D;
    D = malloc(sizeof(struct DequeRecord));
    CHECK(D);
    D->Front = D->Rear = malloc(sizeof(struct NodeRecord));     /*空的头*/
    CHECK(D->Front);
    D->Front->Element = 0;                                      /*初始化*/
    D->Rear->Next = NULL;
    return D;
}


/*删除 Deque */
void DequeDelete(Deque D)
```

```
    {
        if(D)
        {
            while(D->Front)
            {
                D->Rear = D->Front->Next;
                free(D->Front);
                D->Front = D->Rear;
            }
            free(D);
        }
    }


    /* DequeClear 删除所有的节点,除了头节点 */
    void DequeClear(Deque D)
    {
        if(D)
        {
            while(D->Front->Next)          /* 删除第一个节点 */
            {
                D->Rear = D->Front->Next->Next;
                free(D->Front->Next);
                D->Front->Next = D->Rear;
            }
            D->Rear = D->Front
        }
    }
    /* 判断 Deque 是否为空 */
    int IsEmpty(Deque D)
    {
        return D->Front == D->Rear;
    }


    /* 将 X 元素压栈到 D 中 */
    void  Push(ElemType X,  Deque  D)
    {
        Node NewNode;
        NewNode = malloc(sizeof(struct NodeRecord));   /* 建立新的节点 */
        CHECK(NewNode);
        NewNode->Element = X;
        NewNode->Next = D->Front->Next;
        if(D->Front == D->Rear)                         /* 如果 D 为空 */
            D->Rear = NewNode;
```

```
    D ->Front ->Next = NewNode;                    /* 压栈 */
}


/* 将第一个元素出栈 */
ElemType Pop(Deque D)
{
    Node Temp;
    ElemType Item;
    if(D ->Front == D ->Rear)
    {
        Error("Deque is empty");
        return 0;
    }
    else
    {
        Temp = D ->Front ->Next;           /* 得到第一个元素 */
        D ->Front ->Next = Temp ->Next;    /* 重置第一个元素 */
        if(Temp == D ->Rear)               /* 如果只有一个元素 */
            D ->Rear = D ->Front;          /* 将 D 置空 */
        Item = Temp ->Element;
        free(Temp);
        return Item;
    }
}


/* 插入元素 X 至 D 末尾 */
void Inject(ElemType X, Deque D)
{
    Node NewNode;
    NewNode = malloc(sizeof(struct NodeRecord));   /* 创建新节点 */
    CHECK(NewNode);
    NewNode ->Element = X;
    NewNode ->Next = NULL;
    D ->Rear ->Next = NewNode;
    D ->Rear = NewNode;
}
```

5. error.h

```
#ifndef ___DS_PROJ_2_ERROR_H___
#define ___DS_PROJ_2_ERROR_H___


#define CHECK(X) if(NULL == (X))Error("Out of space!!!")
void Error(const char *msg);
```

```
void Warning(const char * msg);
# endif
```

6. error. c

```
# include "error. h"
# include<stdio. h>
# include<stdlib. h>


/* 打印错误信息,并退出程序 */
void Error(const char  * msg)
{
    if(NULL ! = msg)
        fprintf(stderr," % s\n",msg);
    exit( - 1);
}


/* 打印警告信息,但并不退出程序 */
void Warning(const char * msg)
{
    if(NULL ! = msg)
        fprintf(stderr," % s\n",msg);
}
```

7. main. c

```
# include "Graph. h"
# include "Deque. h"
# include "error. h"
# include<stdlib. h>
# include<stdio. h>


/* 读入一组测试数据返回 007 跳过的路径,* Bank 记录最短到达湖岸的路径 */
Graph read_case(FILE * InFile, int num, Vertex * Bank, Deque D)
{
    Graph G = NULL;
    Distance JamesJump;
    Vertex V;
    int x, y;
    int i, Times;
    * Bank = 0;
    fscanf(InFile, " % lf", &JamesJump);
    if(CheckForEnd(0, 0, JamesJump + ISLAND_DIAMETER/2.0))
    {
        for(i = 0; i<(num≪1); i + +)      /* 一步便跳出的情况 */
            fscanf(InFile, " % d", &x);
```

```
            * Bank = 1;
    }
    else if(num > 0)                        /* 007 必须经过鳄鱼头上的情况 */
    {
        num += 2;
        G = GraphNew(num);
        for(i = 2; i<num; i++)              /* 第 3 个 node 开始是鳄鱼 */
        {
            fscanf(InFile, "%d", &x);
            fscanf(InFile, "%d", &y);
            G[i].X = x;
            G[i].Y = y;
            if(CheckForStart(x, y, JamesJump))    /* 判断是否能跳上该点 */
            {
                G[i].Path = 1;                     /* 007 可以跳到 */
                G[i].Step = 1;                     /* 一步 */
                if(CheckForEnd(x, y, JamesJump))   /* 判断该点是否能跳出 */
                {
                    * Bank = i;                     /* 007 可以跳出 */
                    Times = (num - i - 1)≪1;
                    for(i = 0; i<Times; i++)        /* 不必检验其他鳄鱼 */
                        fscanf(InFile, "%d", &y);
                    DequeClear(D);
                    break;
                }
                else
                    Inject(i, D);                   /* 插入该点,并开始下一个检测 */
            }
        }

        while(!IsEmpty(D))   /* 只经过一只鳄鱼无法跳出,必须还要跳到其他鳄鱼的情况 */
        {
            V = Pop(D);
            for(i = 2; i<num; i++)              /* 从这只鳄鱼跳到其他各只鳄鱼 */
            {
                if((G[i].Step > G[V].Step + 1)
                    && CheckForConnect(G, V, i, JamesJump))
                {
                    G[i].Path = V;
                    G[i].Step = G[V].Step + 1;
                    if((G[i].Step<G[* Bank].Step)
                        && CheckForEnd(G[i].X, G[i].Y, JamesJump))
                        * Bank = i;
```

```
                    else
                        Inject(i, D);
                    }
                }
            }
        }
    return G;
}


/*写出结果,即最短路径*/
void write_result(FILE *OutFile, Vertex Bank, Graph G, Deque D)
{
    unsigned int Times, i;
    Vertex V;
    switch(Bank){
    case 0:                    /*007 无法跳出*/
        fprintf(OutFile, "%d\n", -1);
        break;
    case 1:                    /*007 可以直接跳出*/
        fprintf(OutFile, "%d\n", 1);
        break;
    default:
        Times = G[Bank].Step + 1;      /*跳的步数*/
        while(Bank != 1)               /*跟踪路径*/
        {
            Push(Bank, D);
            Bank = G[Bank].Path;
        }
        fprintf(OutFile, "%d\n", Times);     /*输出*/
        for(i = 1; i<Times; i++)
        {
            V = Pop(D);
            fprintf(OutFile, "%d ", G[V].X);
            fprintf(OutFile, "%d\n", G[V].Y);
        }
    }
}


int main(int argc, char *argv[])
{
    FILE *in, *out;
    Deque D;
    int VertexNum;
```

```
Graph G = NULL;
Vertex Bank = 0;
in = fopen("input.txt","r");
if(NULL == in)
{
    fprintf(stderr, "Can not open input.txt");
    exit(-1);
}
out = fopen("output.txt", "w");
if(NULL == out)
{
    fprintf(stderr, "Can not open output.txt");
    fclose(in);
    exit(-1);
}
D = DequeNew();
while((EOF != fscanf(in, "%d", &VertexNum))&&(0<= VertexNum))
{
    G = read_case(in, VertexNum, &Bank, D);   /* 读文件直到结尾 */
    write_result(out, Bank, G, D);
    if(G)
        GraphDelete(G);
}
fclose(in);
fclose(out);
DequeDelete(D);
return 0;
}
```

3.1.5 测试方法

对于本程序,需要应用各种类型的测试用例来进行测试。一般来说,可以设计以下几种类型的测试用例。

- 007 步长很大,以至于可以直接跳出,例如:

0 43

-1

- 007 不可能逃出去的情况(根本就没有鳄鱼),例如:

0 1

-1

- 一般情况的例子,例如:

4 10

17 0

27 0

37 0

45 0

1 10

20 30

－1

● 最短路径有多条，只需要输出任意一种即可，例如：

25 10

8 8

9 9

10 10

11 11

12 12

13 13

14 14

15 15

16 16

18 18

20 20

23 23

25 25

27 27

28 28

29 29

31 31

33 33

35 35

38 38

41 41

44 44

46 46

47 47

49 49

输出结果是：

7

9 9

16 16

23 23

28 28

35 35

41 41

- input. txt 文件中,名称不正确、空文件、缺少部分输入等不规范情况,例如:

5 10

10 10

- 25 30

30 30

注:缺少鳄鱼点(应有 5 个鳄鱼点)和文件结尾符(—1)。

下面给出一个较复杂的测试用例和期望输出结果。

65 10	33 33	—12 0	期望输出结果:
8 10	35 18	—10 —10	7
9 8	40 15	—13 —13	8 10
11 10	38 38	18 —25	16 13
11 14	41 41	20 —48	20 20
12 12	24 48	11 —22	27 27
16 13	44 44	—29 18	31 31
18 15	46 46	—40 40	28 40
14 18	47 47	—40 —40	
15 22	49 49	40 —40	
15 15	—49 —19	49 —49	
16 23	—40 —18	35 —37	
16 30	—44 —10	27 —30	
18 18	—39 —5	22 —22	
18 35	—38 0	14 —22	
20 20	—32 5	8 —10	
23 23	—32 0	10 —18	
25 37	—28 11	—23 29	
27 27	—25 7	—20 20	
28 40	—18 0	—21 23	
29 22	—17 —2	—18 19	
31 31	—19 3	—10 15	
(转右行)	(转右行)	—10	

3.1.6 评分要点

- **程序员**:实现最短路径算法的设计,程序能够正常运行(20 分),输入测试数据,能够得到正确的结果,能对输入内容进行数据合法性检测并进行相应的异常处理(20 分),程序结构合理,有充足的注释(10 分),数据结构、算法设计巧妙,在正确的基础上提高效率或者增加创新的一些功能,提供友好的输入、输出界面,可相应加分。

- **测试员**:设计充足合理的测试用例,包括步长很大一步便能跳出的例子、无法跳出的例子、一般情况的例子、复杂情况(即最短路径有多条的例子)和非法输入的例子(15 分),完成输入输出表格填写、测试结果分析、算法复杂度分析(9 分),可以得到基本分 24 分。测试用例没有涵盖各种情况的,相应扣 3～6 分。测试用例考虑全面、测试结果分析透彻,可相应加分。

- 文档员:完成实验报告第一部分描述程序所解决的问题以及算法背景等(5分),完成第二部分使用伪代码等方法对算法做出详细的分析设计(9分),且文档风格统一(2分),可以得到基本分16分。实验题目分析透彻,算法、数据结构描述恰当,可相应加分。

- 如果程序运行中存在一些错误,对程序员和测试员适当给以减分。整个实验完成优秀,可对全组人员适当加分。

- 小组组长可根据程序完成情况适当加分。

3.2 深度与广度优先搜索:迷宫问题

3.2.1 基本知识回顾

1. 图的存储结构

图的存储结构又称图的表示,其最常用的方法是邻接矩阵和邻接表。无论采用什么存储方式,其目标总是相同的,即不仅要存储图中各个顶点的信息,同时还要存储顶点之间的所有关系。

(1)邻接矩阵:邻接矩阵(Adjacency Matrix)是表示图形中顶点之间相邻关系的矩阵。设 $G=(V,E)$ 是具有 n 个顶点的图,顶点序号依次为 $0,1,2,\cdots,n-1$,则无权图 G 的邻接矩阵是具有如下定义的 n 阶方阵:

$$A[i,j]=\begin{cases}1, & \begin{array}{l}\text{对于无向图},(v_i,v_j)\text{或}(v_j,v_i)\in E(G)\\ \text{对于有向图},<v_i,v_j>\in E(G)\end{array}\\ 0 & \text{对应边不存在于} E(G)\text{中}\end{cases}$$

有权图 G 的邻接矩阵是具有如下定义的 n 阶方阵:

$$A[i,j]=\begin{cases}w_{ij}, & \begin{array}{l}\text{对于无向图},(v_i,v_j)\text{或}(v_j,v_i)\in E(G)\\ \text{对于有向图},<v_i,v_j>\in E(G)\end{array}\\ \infty & \text{对应边不存在于} E(G)\text{中}\end{cases}$$

例如,图 3.3 中的 G_1、G_2、G_3 和 G_4,它们的邻接矩阵分别为下面的 A_1、A_2、A_3 和 A_4 所示。由 A_1 和 A_3 可以看出,无向图的邻接矩阵是按主对角线对称的。

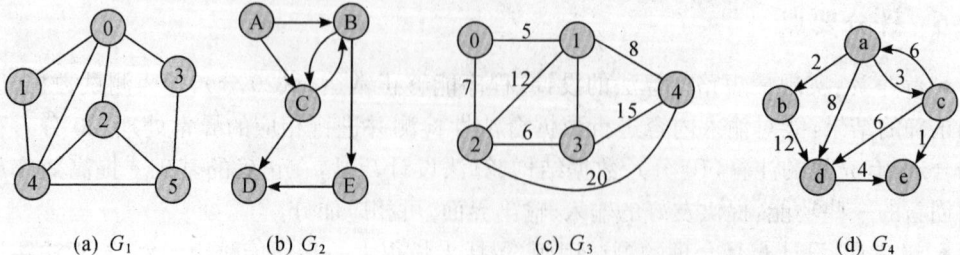

(a) G_1　　　(b) G_2　　　(c) G_3　　　(d) G_4

图 3.3　无向图 G_1、有向图 G_2、无向带权图 G_3 和有向带权图 G_4

$$A_1 = \begin{pmatrix} 0 & 1 & 1 & 1 & 1 & 0 \\ 1 & 0 & 0 & 0 & 1 & 0 \\ 1 & 0 & 0 & 0 & 1 & 1 \\ 1 & 0 & 0 & 0 & 0 & 1 \\ 1 & 1 & 1 & 0 & 0 & 1 \\ 0 & 0 & 1 & 1 & 1 & 0 \end{pmatrix} \qquad A_2 = \begin{pmatrix} 0 & 1 & 1 & 0 & 0 \\ 0 & 0 & 1 & 0 & 1 \\ 0 & 1 & 0 & 1 & 0 \\ 0 & 0 & 0 & 0 & 0 \\ 0 & 0 & 0 & 1 & 0 \end{pmatrix}$$

$$A_3 = \begin{pmatrix} 0 & 5 & 7 & \infty & \infty \\ 5 & 0 & 12 & 3 & 8 \\ 7 & 12 & 0 & 6 & 20 \\ \infty & 3 & 6 & 0 & 15 \\ \infty & 8 & 20 & 15 & 0 \end{pmatrix} \qquad A_4 = \begin{pmatrix} 0 & 2 & 3 & 8 & \infty \\ \infty & 0 & \infty & 12 & \infty \\ 6 & \infty & 0 & 6 & 1 \\ \infty & \infty & \infty & 0 & 4 \\ \infty & \infty & \infty & \infty & 0 \end{pmatrix}$$

图的邻接矩阵的存储需要占用 $n \times n$ 个整数存储位置,所以其空间复杂度为 $O(n^2)$。

上述表示方法,若用于存储稠密图则能够充分利用存储空间;如果用于表示稀疏图,则会产生巨大的浪费。

图的邻接矩阵的存储结构描述大致如下:

```
#define MAX_VEX_NUM     30        /*最大顶点个数*/
typedef char VexType;             /*定义图的顶点类型*/
typedef int AdjType;              /*定义边的权值类型*/
typedef struct {
    int    vexnum, e;             /*图的当前顶点数和边数*/
    VexType   vexs[MAX_VEX_NUM];     /*顶点向量*/
    AdjType   adj[MAX_VEX_NUM][MAX_VEX_NUM];    /*邻接矩阵*/
}AdjGraph;
```

(2)邻接表:邻接表(Adjacency List)是对图中的每个顶点建立一个邻接关系的单链表,并把它们的表头指针用数组存储的一种图的表示方法。为顶点 v_i 建立的邻接关系的单链表称为 v_i 的邻接表。v_i 邻接表中的每一个节点用来存储以该顶点为端点或起点的一条边的信息,因而被称为边节点。v_i 邻接表中的节点数,对于无向图来说,等于 v_i 的边数或邻接点数或度数;对于有向图来说,等于 v_i 的出边数或出边邻接点数或出度数。

边节点的类型通常被定义为三个域:

一是邻接点域(adjvex),用以存储顶点 v_i 的一个邻接顶点 v_j 的序号 j;

二是权域(weight),用于存储边 (v_i, v_j) 或 $<v_i, v_j>$ 上的权(若是无权图,可省略);

三是链域(next),用以链接 v_i 邻接表中的下一个结点。

如图 3.4 中的两个邻接表分别对应图 3.3 中 G_1 和 G_4。

一个图的邻接表存储结构形式如下:

```
#define    MAX_VEX_NUM    30
typedef struct  LinkNode{
    int   adjvex;                 /*邻接点在头节点数组中的位置(下标)*/
    struct  LinkNode  *next;     /*指向下一个表节点*/
}LinkNode;
typedef struct  VexNode{
```

```
    VexType    vexdata;              /*顶点的数据信息*/
    LinkNode   *first;               /*指向第一个表节点*/
}VexNode;
typedef struct {
    int    vexnum, e;                /*图的当前顶点数和边数*/
    VexNode    adjlist[MAX_VEX_NUM];
}ALGraph;
```

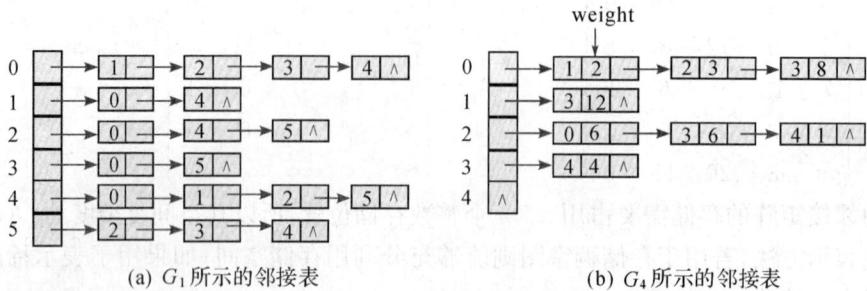

(a) G_1 所示的邻接表   (b) G_4 所示的邻接表

图 3.4 G_1 和 G_4 的邻接表

2. 图的遍历

图的遍历就是从指定的某个顶点(称其为初始点)出发,按照一定的搜索方法对图中的所有顶点各做一次访问的过程。根据搜索方法的不同,遍历有如下两种。

(1)深度优先搜索遍历:深度优先搜索(Depth-First-Search,简称 DFS)是一个递归过程。首先访问一个顶点 v_i 并将其标记为已访问过,然后从 v_i 的任意一个未被访问的邻接点出发进行深度优先搜索遍历。如此执行,当 v_i 的所有邻接点均被访问过时,则退回到上一个顶点 v_k,从 v_k 的另一未被访问过的邻接点出发进行深度优先搜索遍历。如此执行,直到退回到初始点并且没有未被访问过的邻接点为止。

(2)广度优先搜索遍历:广度优先搜索(Breadth-First-Search,简称 BFS)过程为:首先访问初始点 v_i,并将其标记为已访问过,接着访问 v_i 的所有未被访问过的邻接点,其访问顺序可以任意,假定依次为 $v_{i1}, v_{i2}, \cdots, v_{im}$,并均标记为已访问过,然后再按照 $v_{i1}, v_{i2}, \cdots, v_{im}$ 的次序,访问每一个顶点的所有未被访问过的邻接点,并均标记为已访问过,以此类推,直到图中所有和初始点 v_i 有路径相通的顶点都被访问过为止。

比较 DFS 和 BFS 过程可以发现它们的一个共同点就是,总以某个已被访问过的顶点作为当前顶点来搜索与其相邻的未被访问的顶点。而它们的区别仅在于对当前顶点的选择策略有所不同,BFS 总是优先选择最早访问的顶点作为当前顶点来搜索邻接点,而 DFS 则是将优先选择最近访问顶点作为当前顶点来搜索邻接点。对于特殊的图——树而言,DFS 即相当于先序(或后序)遍历,BFS 则相当于层次遍历。

无论是深度优先搜索还是广度优先搜索,其本质都是将图的二维顶点结构线性化的过程,并将当前顶点相邻的未被访问的顶点作为下一个顶点。由于与当前顶点相邻的顶点可能多于一个,而每次只能选择其中的一个作为下一个顶点,这样势必要保存其他相邻顶点。深度优先搜索和广度优先搜索在数据结构上的区别就在于用于保存其他相邻顶点的方式不同,深度优先搜索采用栈,而广度优先搜索则采用队列。从形式上,深度优先搜索往往采用一个递归过程,实际上递归的编译实现就应用了栈。

3.2.2　设计题目

一般的迷宫可表示为一个二维平面图形,将迷宫的左上角作入口,右下角作出口。迷宫问题求解的目标是寻找一条从入口点到出口点的通路。

例如,可以设计一个 8×8 矩阵 maze[8][8] 来表示迷宫,如下所示:

```
0 1 0 0 0 0 1 1
0 0 0 1 0 0 1 0
1 0 1 0 1 0 1 1
1 0 1 0 1 1 0 1
0 1 1 1 1 1 1 0
1 0 0 1 1 0 0 0
1 0 1 0 0 0 1 1
1 0 1 1 0 1 0 0
```

左上角 maze[0][0] 为起点,右下角 maze[7][7] 为终点;设"0"为通路,"1"为墙,即无法穿越。假设一只老鼠从起点出发,目的为右下角终点,可向"上、下、左、右、左上、左下、右上、右下"8 个方向行走。

请设计一个程序,能自动生成或者手动生成这样一个 8×8 矩阵,针对这个矩阵,程序判断是否能从起点经过迷宫走到终点。如果不能,请指出;如果能,请用图形界面标出走出迷宫的路径。如图 3.5 所示。

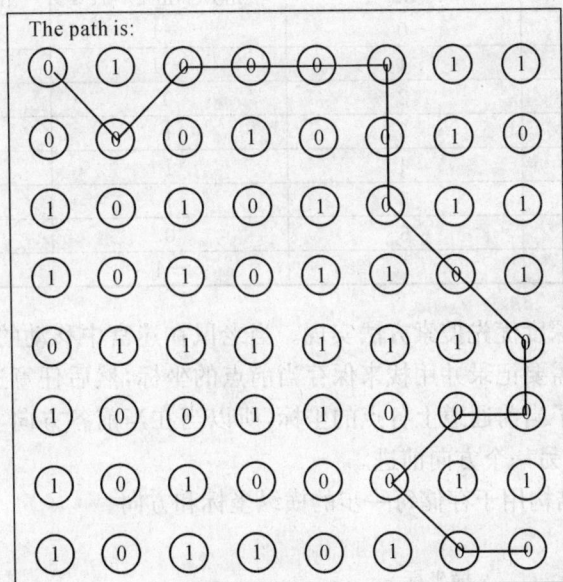

图 3.5　程序输出实例

3.2.3　设计分析

首先明确题目中的已知条件:

(1)迷宫是一个 8×8 大小的矩阵。

(2)从迷宫的左上角进入,右下角为迷宫的终点。

(3)maze$[i][j]=0$ 代表第 $i+1$ 行第 $j+1$ 列的点是通路;maze$[i][j]=1$ 代表该点是墙,无法通行。

(4)迷宫有两种生成方式:手工设定和自动生成。

(5)当老鼠处于迷宫中某一点的位置上,它可以向 8 个方向前进,分别是:"上、下、左、右、左上、左下、右上、右下"8 个方向。

要实现这个程序,首先要考虑如何表示这个迷宫。在实例程序中使用二维数组 maze$[N+2][N+2]$ 来表示这个迷宫,其中 N 为迷宫的行、列数。当值为"0"时表示该点是通路,当值为"1"时表示该点是墙。老鼠在迷宫中的位置在任何时候都可以由行号 row 和列号 col 表示。

为什么指定 maze$[N+2][N+2]$ 来表示迷宫,而不是使用 maze$[N][N]$ 来表示迷宫?原因是当老鼠跑到了迷宫的边界点时就有可能跳出迷宫,而使用 maze$[N+2][N+2]$ 就可以把迷宫的外面再包一层"1",这样就能阻止老鼠走出格。

老鼠在每一点都有 8 种方向可以走,分别是:North,NorthEast,East,SouthEast,South,SouthWest,West,NorthWest。可以用数组 move[8]来表示在每一个方向上的横纵坐标的偏移量,见表 3.1。根据这个数组,就很容易计算出沿某个方向行走后的下一点的坐标。

表 3.1　8 种方向 move 的偏移量

Name	dir	move[dir].vert	move[dir].horiz
N	0	−1	0
NE	1	−1	1
E	2	0	1
SE	3	1	1
S	4	1	0
SW	5	1	−1
W	6	0	−1
NW	7	−1	−1

迷宫问题可以用深度优先搜索方法实现。当老鼠在迷宫中移动的时候,可能会有多种移动选择方向。程序需要记录并用栈来保存当前点的坐标,然后任意选取一个方向进行移动。由于应用栈保存了当前通道上各点的坐标,所以当在当前各方向上都走不通时可以返回上一个点,然后选择另一个方向前进。

可定义 element 结构用于存储每一步的横纵坐标和方向。

```
typedef struct {
    short int row;      /*横坐标*/
    short int col;      /*纵坐标*/
    short int dir;      /*方向*/
}element;
element stack[MAX_STACK_SIZE];      /*用于存储每一步的栈*/
```

根据表 3.1 可推算出每次移动后的坐标。设当前点的坐标是(row,col),移动的方向是

dir，移动后的点是 next，则有

next_row＝row＋move[dir]. vert；

next_col＝col＋move[dir]. horiz；

可用另一个二维数组 mark[N＋2][N＋2] 来记录哪些点已经被访问过。当经过点 maze[row][col] 时，相应地将 mark[row][col] 的值从 0 置为 1。

本程序支持自动生成迷宫。利用 random(2) 函数可随机产生 0 或 1，来支持迷宫的自动生成。注意 maze[N][N] 和 maze[1][1] 一定要等于 0，因为它们分别是起点和终点。

如果找到了一条走出迷宫的路径，则需要在屏幕中打印出如图 3.5 所示格式的信息。这里要用到 graphics. h，即 TC 中的图形库（注意：本程序是 TC 上的实现，而 VC＋＋有自己的图形库，所以使用 VC＋＋编译会提示错误）。针对图 3.5，可使用 circle() 函数画圆，outtextxy() 函数标记文字，并使用 line() 函数来画线。

程序的主要函数如下：

● 函数 void add(int ＊top，element item)，将当前步的信息 item 压入到作为全局变量的栈 stack（栈顶为 top）中。

● 函数 element delete(int ＊top)，返回 stack 中栈顶的元素。

● 函数 void path(void)，采用深度优先搜索算法，首先取出栈顶元素作为当前点，并从当前点选择一个方向前进到下一个点（如果能走得话）；然后，将下一个点压入栈，并将二维数组 mark 中对应的值改为 1，表示该点已经走到了。反复执行上面两步，当走到一个点不能再走下去了（已经尝试了各个方向并失败），并且这个点不是终点，则这个点的上一个点会从栈中被抛出，从而"回溯"到上一点；当遇到终点时，程序结束，找到一条路径；当在程序循环过程中遇到栈为空，则说明该迷宫根本无法走到终点。

3.2.4 设计实现

```
#include<stdio.h>
#include<stdlib.h>
#include<graphics.h>
#define N                    8                    /＊正方形迷宫大小＊/
#define MAX_STACK_SIZE        N＊N                /＊最大栈容量＊/
#define TRUE            1
#define FALSE            0
#define LEN            (300/N)


/＊结构体记录每一步的横坐标、纵坐标和方向＊/
typedef struct {
    short int row;
    short int col;
    short int dir;
}element;


element stack[MAX_STACK_SIZE];
```

```
/ * 结构体记录水平和垂直的偏移量 * /
typedef struct {
    short int vert;
    short int horiz;
}offsets;

offsets move[8];                        / * 8 个方向的 move * /

int maze[N + 2][N + 2];                 / * 二维数组记录迷宫 * /
int mark[N + 2][N + 2];                 / * 记录迷宫中每点是否可到达 * /
int EXIT_ROW = N, EXIT_COL = N;

/ * 在栈中加入一个元素 * /
void add(int * top, element item)
{
    if( * top >= MAX_STACK_SIZE - 1)
    {
    printf("The stack is full! \n");
    return;
    }
    stack[ + + * top] = item;
}


/ * 返回栈中顶部的元素 * /
element delete(int * top)
{
    if( * top == - 1)
    {
        printf("The stack is empty !\n");
        exit(1);
    }
    return stack[( * top) -- ];
}

/ * 输出走出迷宫的路径 * /
void path(void)
{
    int i, j, k, row, col, next_row, next_col, dir, found = FALSE;
    int gd = VGA;
    int gm = VGAHI;
/ * - - - - - - - - - - - - - - - - - - - -
```

i   ⟶   用来循环计数

row , col   ⟶   当前位置的坐标

next_row　　→　　移动后的位置的横坐标

next_col　　→　　移动后的位置的纵坐标

dir　　　　→　　移动的方向

found　　　→　　标志路径是否发现

```
- - - - - - - - - - - - - - - - - - - - */
        element position;
        int top = 0;
        mark[1][1] = 1;                    /* maze[1][1]已经被走过了 */
        stack[0]. row = 1;
        stack[0]. col = 1;
        stack[0]. dir = 1;                 /* 第一步的状态 */
        move[0]. vert = -1; move[0]. horiz = 0 ;
        move[1]. vert = -1; move[1]. horiz = 1 ;
        move[2]. vert = 0 ; move[2]. horiz = 1 ;
        move[3]. vert = 1 ; move[3]. horiz = 1 ;
        move[4]. vert = 1 ; move[4]. horiz = 0 ;
        move[5]. vert = 1 ; move[5]. horiz = -1;
        move[6]. vert = 0 ; move[6]. horiz = -1;
        move[7]. vert = -1; move[7]. horiz = -1;

        initgraph(&gd,&gm,"");             /* 指定了 8 个方向 */
/* - - - - - - - - - - - - - - - - - - - - - - - - - - - - - - -
```

主要算法描述：

　　当 stack 不为空时，指针移动到 stack 顶部的位置试着向各个方向移动，如果可以移动就移动到下一个位置，并把它设置成 1。然后保存其状态，并加入到 stack 中，开始试探新到达点的各方向，如果各方向的路径不存在或已访问过，则返回到上一点继续遍历其他方向的点，直到一条路径被发现。

```
- - - - - - - - - - - - - - - - - - - - - - - - - - - - - - - */
        while(top > 1 && ! found){        /* stack 不为空 */

            position = delete(&top);       /* 删除 stack 中的元素 */

            row = position. row;
            col = position. col;
            dir = position. dir;

            while(dir < 8 && ! found){

                next_row = row + move[dir]. vert;
                next_col = col + move[dir]. horiz;

                if(next_row == EXIT_ROW && next_col == EXIT_COL)
                    found = TRUE;          /* 发现路径 */
```

```
            else if(!maze[next_row][next_col] &&
            !mark[next_row][next_col])
                                    /*如果这点没有被走过并且可以走*/
            {
            mark[next_row][next_col] = 1;    /*设成1*/
            position. row = row;
            position. col = col;
            position. dir = ++dir;
            add(&top, position);              /*加入到 stack*/
            row = next_row;
            col = next_col;
            dir = 0;                          /*移动到下一个点*/
            }
             else ++ dir;                      /*尝试其他方向*/
        }
    }
    for(j = 1;j<= N;j++)
        for(k = 1;k<= N;k++)
        {
            setcolor(WHITE);
            circle(j * LEN,k * LEN,10);
            setcolor(MAGENTA);
            outtextxy(j * LEN - 2,k * LEN - 2,maze[k][j]?"1":"0");
        }
    if(found)
    {                               /*如果发现路径,则打印出来*/
        outtextxy(20,10,"The path is:");
        setcolor(YELLOW);
        for(i = 0; i<top;i++)
        {
            line(stack[i].col * LEN, stack[i].row * LEN,stack[i + 1].col * LEN,stack[i + 1].row * LEN);
        }
        line(stack[i].col * LEN, stack[i].row * LEN,col * LEN,row * LEN);
        line(col * LEN, row * LEN,EXIT_COL * LEN,EXIT_ROW * LEN);
    }
    else outtextxy(20,10,"The maze does not have a path");
                        /*否则打印不存在信息*/
}


void main()
{
    int i, j, c;
```

```
randomize();
clrscr();
for(i = 0;i<N + 2;i + +)
{
    maze[0][i] = 1;
    maze[i][0] = 1;
    maze[N + 1][i] = 1;
    maze[i][N + 1] = 1;
}                           /*将迷宫的四周设为1(墙壁)*/

printf("Would you like to input the maze by youself? \nYes or No?");
c = getchar();
if(c == 'Y' || c == 'y')
{
    printf("Enter the %d * %d maze:\n",N,N);   /*手动输入*/
    for(i = 1; i<N + 1; i + +)
      for(j = 1; j<N + 1; j + +)
      {
          scanf("%d",&maze[i][j]);
      }
}
else
{
    printf("The maze is created by the computer:\n");
    for(i = 1; i<N + 1; i + +)
     for(j = 1; j<N + 1; j + +)
     {
         maze[i][j] = random(2);
     }
    maze[N][N] = 0;
    maze[1][1] = 0;
    for(i = 1;i<N + 1;i + +)
    {
      for(j = 1;j<N + 1;j + +)
          printf("%3d",maze[i][j]);
      printf("\n");
    }
}
path();                             /*调用函数 path()*/
getch();
}
```

3.2.5　测试方法

针对迷宫生成方式不同,本程序的测试分为两类:手动输入迷宫测试和计算机自动生成迷宫测试。另外,根据测试用例类型不同也可分为两类:有解迷宫测试和无解迷宫测试。

下面给出两个测试用例。

测试用例 1(有解迷宫):

```
0 1 1 1 1 0 1 0
0 0 0 1 0 1 0 1
1 0 1 0 0 1 1 0
1 0 1 1 0 1 0 0
1 0 0 1 0 1 1 0
0 1 1 0 1 1 1 1
0 1 0 1 0 1 1 1
1 1 1 1 0 0 0 0
```

其期望输出结果如图 3.6 所示。

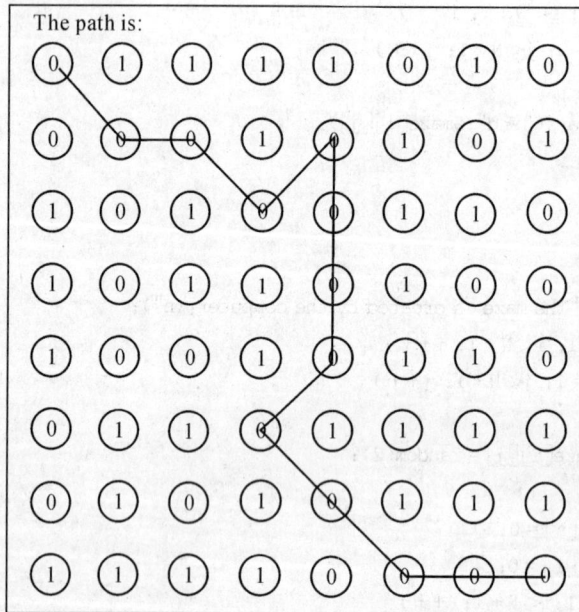

图 3.6 测试用例 1 的结果

测试用例 2:(无解迷宫)

```
0 1 0 0 0 1 1 1
1 0 0 1 1 0 1 0
0 0 1 0 1 1 0 1
1 0 1 0 0 1 0 0
0 0 0 1 0 1 1 1
0 0 1 0 1 0 1 1 0
0 0 0 0 0 1 0 0
0 1 0 1 1 1 1 0
```

其期望输出结果如图 3.7 所示。

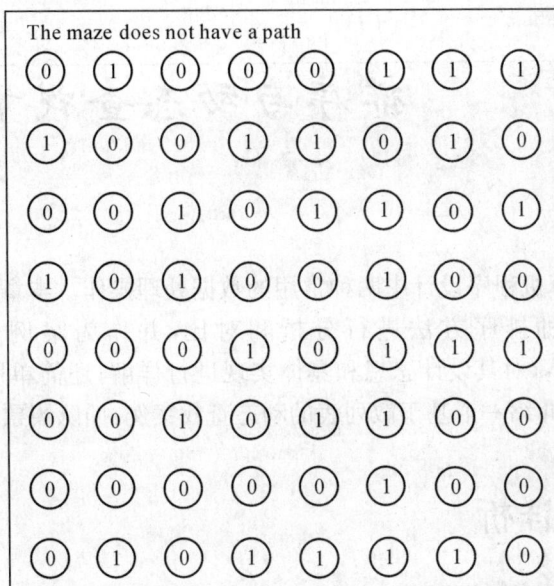

The maze does not have a path

```
0  1  0  0  0  1  1  1
1  0  0  1  1  0  1  0
0  0  1  0  1  1  0  1
1  0  1  0  0  1  0  0
0  0  0  0  0  0  0  1
0  0  0  0  1  0  0  0
0  0  0  0  0  0  0  0
0  1  0  1  1  1  1  0
```

图 3.7　测试用例 2 的结果

3.2.6　评分要点

- **程序员**：实现自动生成迷宫的算法设计(5 分)，实现走迷宫的算法设计，程序能够正常运行(15 分)，针对自动生成或者手动输入的迷宫，能够得到正确地走出迷宫的结果(20 分)，程序结构合理，有充分的注释(10 分)，数据结构、算法设计巧妙，在正确的基础上提高效率或者增加创新的一些功能，提供友好的输入、输出界面，可相应加分。

- **测试员**：设计充足合理的测试用例，包括有解迷宫和无解迷宫(10 分)，设计自动生成迷宫的程序(5 分)，完成测试结果分析，算法复杂度分析(9 分)，可以得到基本分 24 分。测试用例没有涵盖各种情况的，相应扣 3~6 分。测试用例考虑全面、测试结果分析透彻，可相应加分。

- **文档员**：完成实验报告第一部分描述程序所解决的问题以及算法背景等(5 分)，完成第二部分使用伪代码等方法对算法做出详细的分析设计(9 分)，文档风格统一(2 分)，可以得到基本分 16 分。实验题目分析透彻，算法、数据结构描述恰当，可相应加分。

- 如果程序运行中存在一些错误，对程序员和测试员适当给以减分。整个实验完成优秀，可对全组人员适当加分。

- 小组组长可根据程序完成情况适当加分。

## 第4章

排序与动态查找案例详解

排序与查找是计算机程序设计中两种常用的数据处理操作。本章对排序的基本知识进行简单的回顾,对多种排序方法进行分析和对比,并作为案例介绍一种快速排序(Quicksort)的优化版本,对其设计思想和具体实现进行详解;还简单回顾散列表的基本思想和实现途径,并详细介绍一个基于散列表的动态查找案例:插队买票。

4.1 快速排序详析

4.1.1 基本知识回顾

1. 排序及排序算法类型

排序(Sorting)是数据处理领域和软件设计领域中一种常见而重要的运算。排序就是把一组记录(元素)的任意序列按照某个域的值的递增(由小到大)或递减(由大到小)的次序重新排列的过程。排序的目的之一就是为了方便查找。排序分为内部排序和外部排序。在内存中进行的排序叫内部排序,利用到外部存储的排序叫外部排序。

内部排序的方法有很多,但就其全面性能而言,很难提出一种被认为是最好的方法,每一种方法都有各自的优缺点,适合在不同的环境下使用。按照其策略不同,可归纳为五类:插入排序、交换排序、选择排序、归并排序和基数排序。

插入排序:依次将无序序列中的一个待排序的记录,按其关键字值的大小插入到已排好序的序列中的适当位置,直到整个记录序列有序为止。该类排序方法典型的有直接插入排序和基于分组方法的 Shell 排序。

交换排序:两两比较序列中记录的关键字值,并将次序相反的两个记录进行交换,直到整个序列中没有反序的记录偶对为止。该类排序方法典型的有简单的冒泡排序和应用分治法的快速排序。

选择排序:不断从待排序的记录序列中,选取关键字最小(或最大)的记录,放到它的目标位置,直到所有记录都被选完为止。该类排序方法典型的有简单选择排序和基于堆结构的堆排序。

归并排序:利用归并技术不断把待排记录序列中的有序子序列进行合并,直到合并为一个有序序列为止。所谓归并是指将两个或两个以上的有序序列合成一个有序序列。

基数排序:按待排序记录的关键字的组成成分(或者叫"位")来进行排序的方法。基本思想是每次按记录关键字某一位的值将所有记录分配到相应编号的桶中,再按桶的编号依次将记录收集。这样按记录关键字位从低位到高位，将记录不断地分配和收集，从而得到一个有序的记录序列。

2. 快速排序算法介绍

快速排序就像它的名称所暗示的，是一种快速的分而治之的算法，平均时间复杂度为 $O(n\log_2 n)$。它的速度主要归功于一个非常紧凑并且高度优化的内部循环。其基本算法 Quicksort(S) 由以下 4 个步骤组成：

（1）如果 S 中的元素的数目为 0 或 1，则返回。

（2）选择 S 中的任意一个元素 v，v 叫做支点（Pivot）。

（3）将 $S-\{v\}$（剩下的元素在 S 中）分成两个分开的部分。$L=\{x\in S-\{v\}\,|\,x\leqslant v\}$ 和 $R=\{x\in S-\{v\}\,|\,x\geqslant v\}$。

（4）依次返回 Quicksort(L)、v 和 Quicksort(R) 的结果。

基本的快速排序算法可以应用递归实现。关键的细节包括支点的选择和如何分组。

该算法允许把任何元素作为支点。支点把数组分为两组：小于支点的元素集和大于支点的元素集。图 4.1 展示了一组数据进行快速排序的基本过程。

3. 快速排序的分析

（1）最好情况：快速排序的最好情况是支点把集合分成两个同等大小的子集，并且在递归的每个阶段都这样划分。然后就有了两个一半大小的递归调用和线性的分组开销。在这种情况下运行的时间复杂度是 $O(n\log_2 n)$。

（2）最坏情况：假设在每一步的递归调用中，支点都恰好是最小的元素。这样小元素的集合 L 就是空的，而大元素集合 R 拥有除了支点以外的所有元素。设 $T(N)$ 是对 N 个元素进行快速排序所需的运行时间，并假设对 0 或 1 个元素排序的时间刚好是 1 个时间单位。那么对于 $N>1$，当每次都运气很差地选择最小的元素作为支点，得到的运行时间满足 $T(N)=T(N-1)+N$。即对 N 个项进行排序的时间等于递归排序大元素子集中的 $N-1$ 个项所需要的时间加上进行分组的 N 个单位的开销。最终得出：

$$T(N)=T(1)+2+3+\cdots+N=\frac{N(N+1)}{2}=O(N^2)$$

（3）支点的选择：

错误方式：比较常见的不明智的选择就是把第一个元素作为支点。但如果输入是已经预先排过序的，或者是倒序的，该支点给出的分组就很糟糕，因为它是一个末端的元素；而且这种情况会在迭代中继续出现，会以 $O(N^2)$ 的时间复杂度而告终，所以选择第一个元素作为支点不是好的策略。

中位选择：把中间元素，即待排序序列中间位置的元素，作为支点是合理的选择。当输入已经排过序时，这种选择在每次递归调用中都会给出理想的支点。

中值划分：在上述选择中使用中间值作为支点可以消除非随机输入时出现的退化情况。但这是一种消极的选择，就是说仅仅是试图避免一个坏的支点而并没有去尝试选择一个更好的支点。中值划分是一种选择比平均情况更好的支点的尝试。在中值划分中，一种比较简单而有效的策略是选择待排序列的第一个、中间一个以及最后一个记录这 3 个值的中值作为支点。同样道理，也可以从待排序列中等距离地选取 5 个值，并将这 5 个值的中值作为支点。

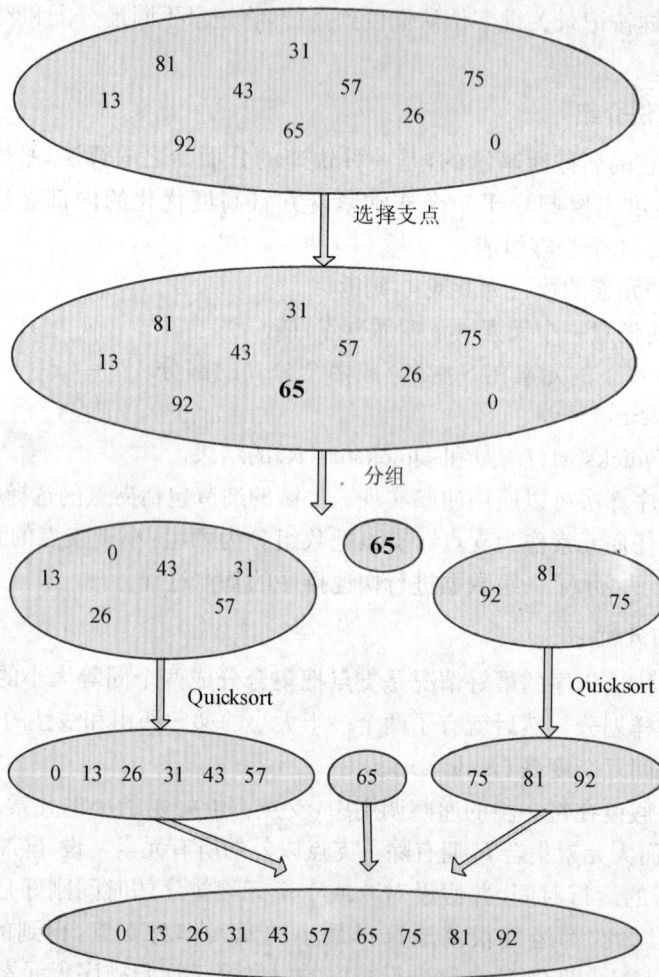

图 4.1 快速排序的基本过程

4. 各种排序算法比较

不同的排序算法有不同的时间和空间复杂性以及不同的排序稳定性。所谓排序算法的稳定性是指该算法不改变等值记录之间的先后顺序。表 4.1 列出了几种比较典型的算法在时间、空间复杂性以及算法稳定性方面的性能。

表 4.1 各种排序方法性能比较

排序方法	最好时间	平均时间	最坏时间	辅助空间	稳定性
直接插入排序	$O(n)$	$O(n^2)$	$O(n^2)$	$O(1)$	稳定
冒泡排序	$O(n^2)$	$O(n^2)$	$O(n^2)$	$O(1)$	稳定
简单选择排序	$O(n^2)$	$O(n^2)$	$O(n^2)$	$O(1)$	不稳定
快速排序	$O(n\log_2 n)$	$O(n\log_2 n)$	$O(n^2)$	$O(\log_2 n)$	不稳定
堆排序	$O(n\log_2 n)$	$O(n\log_2 n)$	$O(n\log_2 n)$	$O(1)$	不稳定
归并排序	$O(n\log_2 n)$	$O(n\log_2 n)$	$O(n\log_2 n)$	$O(n)$	稳定

由上表可知:

(1)就平均时间性能而言,快速排序、堆排序和归并排序都有最好的时间性能。相对而言,快速排序速度最快。但快速排序在最坏情况下的时间性能达到了 $O(n^2)$,不如堆排序和归并排序快。

(2)就空间性能来看,直接插入排序、冒泡排序、简单选择排序、堆排序要求的辅助空间比较小。其中直接插入排序、冒泡排序、简单选择排序比较简单,容易实现,但时间性能较差。

4.1.2 设计题目

设计并实现一种快速排序(Quicksort)的优化版本,并且比较在下列组合情况下算法的性能表现:

(1)cutoff 值从 0～20。cutoff 值的作用是只有当数组的长度小于等于这个值时,才使用另一种简单排序方法对其排序,否则使用 Quicksort 算法排序。

(2)选定支点的方法分别是"第一个元素","三个元素的中值","五个元素的中值"。

对上述的测试分别要采用顺序、逆序、随机三种类型的输入文件。

输入文件中测试数组的大小可以从 1000 个数到 10000 个数不等。程序从 input. txt 文件中读取输入,输出到 output. txt 文件。例如:

input. txt 内容如下。

```
5          /*数字的个数*/
5 4 3 2 1  /*数字用空格分开*/
           /*两组测试数据中间空一行*/
10
4 6 8 7 5 1 3 9 2 0
```

相应的 output. txt 内容如下。

```
Case number: 1
Number of elements: 5
1 2 3 4 5
Case number: 2
Number of elements: 10
0 1 2 3 4 5 6 7 8 9
```

程序的重点在于对每种组合情况下算法性能的比较。不同的运行时间要用图表表示出来,在图表中要区分由于文件大小的不同而产生的差别。

4.1.3 设计分析

程序主要由 6 部分组成,分别是:

(1)程序入口 main 函数;

(2)Quicksort,快速排序算法的实现部分;

(3)MedianOf3,选择三个值的中值作为支点;

(4)MedianOf5,选择五个值的中值作为支点;

（5）Swap，简单地交换两个元素的值；

（6）InsertionSort，在数组长度小于 cutoff 值时使用插入排序来代替快速排序。

下面描述 main 和 Quicksort 两个函数的基本算法的运算过程。

main 函数：

打开 input.txt 和 output.txt 文件；

读入数的个数 n；

从文件中顺序读入 n 个数，并放到数组中；

应用 Quicksort 对该数组排序；

将排序后的数输出到文件 output.txt 中；

读入下一组数的个数，继续上述过程；

关闭文件。

Quicksort 函数：

参数：待排数组，待排段的起点位置，待排段的终点位置，cutoff 值，支点选择方法

If 数组是空的

    Exit

If 待排数段的元素个数大于等于 cutoff 值，且元素个数大于等于支点选择方法所要求的元素个数

    根据支点选择方法选择一个元素作为支点

      设置 low 为起点值、high 为终点值

      While low <= high{

          While low 位置的值小于支点值

             low++

          While high 位置的值大于支点值

             high--

          If low < high

          交换 low、high 两个元素

      }

      将 low 位置的元素与支点元素交换

      Quicksort 递归调用左半段

      Quicksort 递归调用右半段

Else

    应用直接插入排序法对数组元素排序

4.1.4　设计实现

```
#include<stdio.h>
#include<stdlib.h>
#include<string.h>
#include<time.h>


#define SIZE 10000              /*数组最大的容量*/
int MedianOf3(int a[],int low, int high);
int MedianOf5(int a[],int low, int high);
```

```
void Swap(int  * a, int  * b);
void QuickSort(int a[], int left, int right, int cutoff, int median);
void InsertionSort(int a[], int low, int high);


int main()
{
    int i, group = 0, numbOFelements, elements, Amount;
    int Array[10000];
    int cutoff = 0, median = 3;
    clock_t start, stop;
    FILE * InputPTR, * OutputPTR;              /* input 和 output 文件指针 */
    InputPTR = fopen("input. txt", "r + ");
    OutputPTR = fopen("output. txt", "w + ");
    if(InputPTR == NULL)                       /* 检查 input 文件是否存在 */
    {
        printf("Can not open file!");
        exit(0);
    }
    printf("Please Input the value of cutoff(0 ～ 20):");
    scanf(" % d", &cutoff);
    printf("Please Input the value of median(1 or 3 or 5):");
    scanf(" % d", &median);
    Amount = fscanf(InputPTR, " % d", &numbOFelements);  /* 读取每次迭代的元素的个数 */
    while(Amount! = EOF)                              /* 当读到的不是文件的末尾 */
    {
        group + + ;
        fprintf(OutputPTR,"Case number: % d\nNumber of elements: % d\n",
            group, numbOFelements);                 /* 输出的格式 */
        for(i = 0; i<numbOFelements; i + + ){
            fscanf(InputPTR, " % d", &Array[i]);         /* 将输入读入到数组中 */
            fgetc(InputPTR);
        }
        fgetc(InputPTR);
        QuickSort(Array, 0, numbOFelements - 1, cutoff, median);       /* 给数组排序 */
        for(i = 0; i<numbOFelements; i + + )
        {
            fprintf(OutputPTR, " % d ", Array[i]);        /* 打印排序后的数组 */
        }
        Amount = fscanf(InputPTR, " % d", &numbOFelements);
        fprintf(OutputPTR, "\n\n");
    }
    fclose(InputPTR);
    fclose(OutputPTR);
```

```
        return 0;
    }


/* 支点(Pivot)选择三个值的中值的算法 */
int MedianOf3(int a[],int low, int high)
{
    int mid = (low + high)/2;              /* 确定中间位置 */
    if(a[low]>a[mid]){
        Swap(&a[low],&a[mid]);
    }if(a[low]>a[high]){
        Swap(&a[low],&a[high]);
    }if(a[mid]>a[high]){
        Swap(&a[mid],&a[high]);
    }
    Swap(&a[mid],&a[high]);          /* 交换排序后的中间元素和最后元素的值 */
    return a[high];
}


/* 支点(Pivot)选择五个值的中值的算法 */
int MedianOf5(int a[],int low, int high)
{
    int i,temp,j,largest;
    int Step;
    Step = (high - low)/4;   /* 设定步长为 1/4,这样便能选出 5 个元素 */
    for(j = 0; j<4; ++j)
    {
        largest = high - j * Step;         /* 每次迭代选择不同的值作为最大值 */
        for(i = j + 1; i<5;++i)
        {                                  /* 比较每次选中的值,用来找到最大值 */
            if(a[high - i * Step]>a[largest])
            {
                largest = high - i * Step;    /* 设定新的最大值 */
            }
        }
        Swap(&a[high - j * Step],&a[largest]); /* 将每次找到的最大值放在每次对应的位置 */
    }
    Swap(&a[high - Step - Step],&a[high]);  /* 将选定的支点放到最后面 */
    Swap(&a[high - 3 * Step],&a[low]);
    return a[high];
}


/* 交换两个元素 */
void Swap(int * a,int * b)
```

```
{
    int temp = * a;
    * a = * b;
    * b = temp;
}


/* 插入排序 */
void InsertionSort(int a[], int min, int max)
{
    int j,i,temp;
    for(i = min;i <= max;i + + )
    {
        temp = a[i];
        for(j = i;j > min && a[j - 1] > temp;j -- )
            a[j] = a[j - 1];
        a[j] = temp;
    }
}


/* 快速排序 */
void QuickSort(int Array[], int min, int max, int cutoff, int median)
{
                                    /* median = 1 时,使用第一个值作为支点 */
                                    /* median = 3 时,使用三个值的中值作为支点 */
                                    /* median = 5 时,使用五个值的中值作为支点 */
    int low,high,Pivot;
    if((max - min) == 0)
        return;                     /* 如果数组中没有元素 */
    if((median ! = 1)&&(median! = 3)&&(median! = 5)){
                                    /* median 只可以为 1,3,5 */
        printf("Invalid median value!\n");
        exit(0);
    }
    if(min + cutoff <= max &&(max - min + 1) >= median)
    {                               /* 检查 cutoff 值是否合适 */
        if(median == 1){
            Swap(&Array[min],&Array[max]);
            Pivot = Array[max];
        }
        else if(median == 3){
                                    /* 调用函数 MedianOf3 */
            Pivot = MedianOf3(Array, min,max);
        } else if(median == 5){
```

```
                        /＊调用函数 MedianOf5 ＊／
            Pivot = MedianOf5(Array,min,max);
        }
        low = min; high = max;
        for(; ;)
        {
            while(Array[low]＜Pivot)
            {                          /＊跳过比支点小的值＊／
                low ++ ;
            }
            while(Array[－－high]＞ Pivot)
            {                          /＊跳过比支点大的值＊／
            }
            if(low＜high)
            {                          /＊交换两个值＊／
                Swap(&Array[low],&Array[high]);
            }
            else{
                                    /＊如果指针重叠了,则跳出循环＊／
                break;
            }
        }
        Swap(&Array[low],&Array[max]);

        QuickSort(Array, min, low－1,cutoff, median);  /＊分成两部分递归调用快速排序＊／
        QuickSort(Array, low＋1, max,cutoff,median);
    }
    else{
        InsertionSort(Array, min, max);                 /＊对剩余的数组进行插入排序＊／
    }
}
```

4.1.5 测试方法

对本程序的测试不仅是测试程序是否正常运行,是否排序正确,更重要的是记录不同情况下的运行时间(running time)来比较在不同的支点算法中的运行效率。

根据题目要求生成不同的测试用例。需要 3 种类型的测试用例。

(1)顺序(Sorted)的测试用例;

(2)逆序(Reverse-Ordered)的测试用例;

(3)随机(Random)的测试用例。

提示:对于第三种测试用例,可使用 rand()函数生成。如果每次运行时间太小难以记录,可以重复运行 100 次,甚至更多来求平均值。

注:每个测试用例中都包含不同 Size(待排序列大小)的测试。Size 一般不要大于

20000。建议使用 Size 分别为 1000、2000、3000、4000、5000、6000、7000、8000、9000、10000 等 10 种类型。

使用测试文件对采用三种不同支点选择方法的算法进行测试,每次测试可以使用不同的 cutoff 值(cutoff 从 0~20,选择其中的 0、5、10、15、20,共 5 个)。

综上所述,一般来说较为全面的做法是做出 3(3 种支点算法)×5(5 种 cutoff 值)×3(3 种顺序的测试用例)×10(10 种 Size),共 450 组测试,分别记录它们的运行时间,再使用图表加以形象化的显示。

表 4.2 给出一个实际测试例子的一部分数据。

表 4.2 支点为 MedianOf3 情况下的 running time(单位:秒)

Combination	Size	Input Type		
		Sorted	Reverse-Ordered	Random
MedianOf3 Pivot / cutoff at 0	1000	0.00016	0.00015	0.00031
	2000	0.00047	0.00031	0.00078
	3000	0.00062	0.00047	0.00094
	4000	0.00078	0.00079	0.00156
	5000	0.00109	0.00110	0.00203
	6000	0.00125	0.00110	0.00250
	7000	0.00140	0.00140	0.00266
	8000	0.00156	0.00187	0.00328
	9000	0.00171	0.00203	0.00343
	10000	0.00187	0.00219	0.00422
MedianOf3 Pivot / cutoff at 5	1000	0.00016	0.00015	0.00031
	2000	0.00031	0.00032	0.00063
	3000	0.00047	0.00031	0.00109
	4000	0.00046	0.00063	0.00125
	5000	0.00062	0.00078	0.00172
	6000	0.00078	0.00093	0.00203
	7000	0.00125	0.00125	0.00235
	8000	0.00125	0.00141	0.00281
	9000	0.00141	0.00156	0.00329
	10000	0.00141	0.00171	0.00359
MedianOf3 Pivot / cutoff at 10	1000	0.00015	0.00015	0.00016
	2000	0.00031	0.00032	0.00062
	3000	0.00032	0.00046	0.00094
	4000	0.00047	0.00047	0.00125
	5000	0.00062	0.00062	0.00140
	6000	0.00062	0.00093	0.00187
	7000	0.00078	0.00094	0.00219
	8000	0.00094	0.00109	0.00250
	9000	0.00109	0.00125	0.00281
	10000	0.00109	0.00125	0.00328

续表

Combination	Size	Input Type		
		Sorted	Reverse-Ordered	Random
MedianOf3 Pivot / cutoff at 15	1000	0.00016	0.00015	0.00031
	2000	0.00032	0.00016	0.00047
	3000	0.00063	0.00047	0.00078
	4000	0.00094	0.00046	0.00093
	5000	0.00047	0.00063	0.00141
	6000	0.00062	0.00078	0.00172
	7000	0.00062	0.00078	0.00188
	8000	0.00079	0.00094	0.00235
	9000	0.00094	0.00125	0.00250
	10000	0.00109	0.00125	0.00297
MedianOf3 Pivot / cutoff at 20	1000	0.00015	0.00015	0.00015
	2000	0.00031	0.00016	0.00047
	3000	0.00032	0.00032	0.00110
	4000	0.00032	0.00047	0.00125
	5000	0.00047	0.00047	0.00125
	6000	0.00047	0.00078	0.00156
	7000	0.00078	0.00094	0.00203
	8000	0.00079	0.00110	0.00234
	9000	0.00078	0.00110	0.00266
	10000	0.00094	0.00109	0.00297

用图的形式表现,如图 4.2 所示。

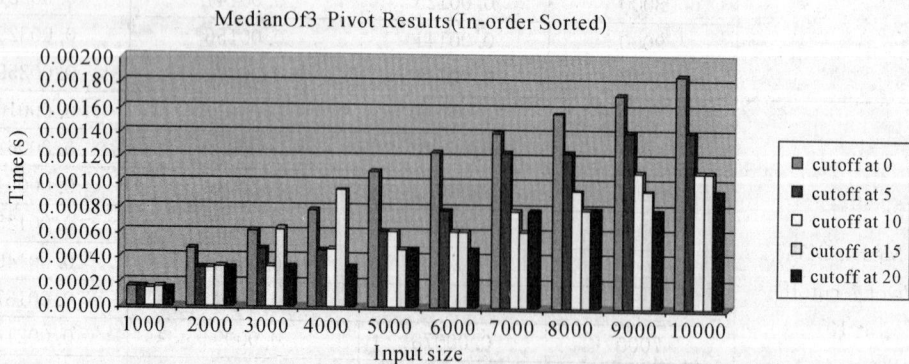

图 4.2　在顺序测试用例情况下的 running time

由图 4.2 可知,在顺序情况下,当 cutoff 为 20 时,平均用时最少。

MedianOf3 Pivot Results(Reverse-ordered)

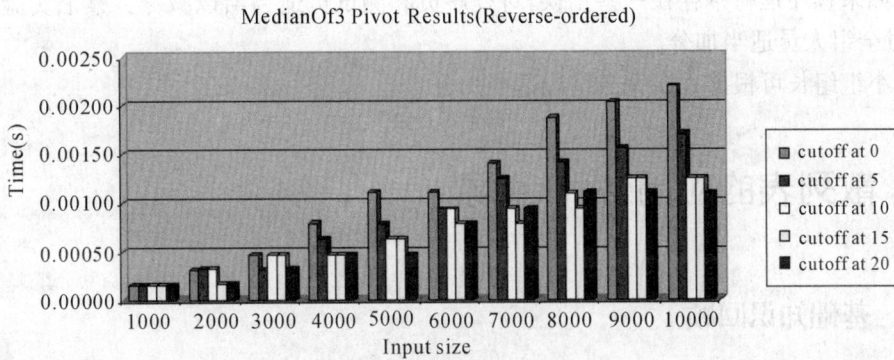

图 4.3　在逆序测试用例情况下的 running time

由图 4.3 可知,在逆序情况下,当 cutoff 为 20 时,平均用时最少。

MedianOf3 Pivot Results(Random)

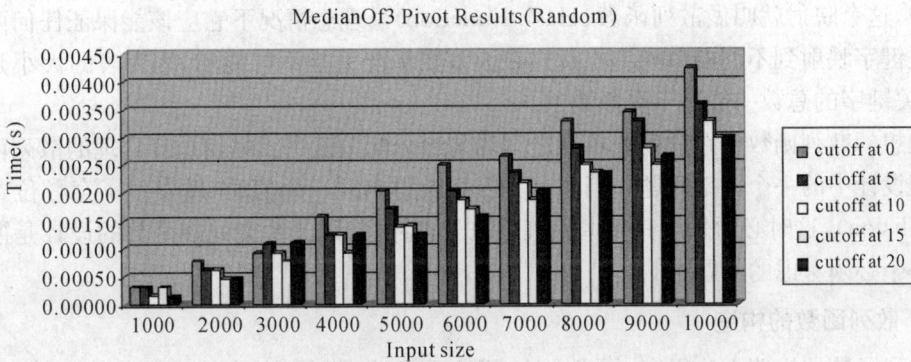

图 4.4　在随机测试用例情况下的 running time

由图 4.4 可知,在随机测试用例情况下,当 cutoff 为 15 时,平均用时最少。

注:结果仅供参考,不同环境下得出的结论可能会有出入。

4.1.6　评分要点

● 程序员:实现快速排序算法的设计,程序能使用两种不同的选取中值的方法,程序能够正常运行(20 分),输入测试数据,能够得到正确的结果,能对输入内容进行数据合法性检测并进行相应的异常处理(20 分),程序结构合理,有充分的注释(10 分),数据结构、算法设计巧妙,在正确的基础上提高效率或者增加创新的一些功能,提供友好的输入、输出界面,可相应加分。

● 测试员:设计充足合理的测试用例,包括正常的输入,复杂的输入,不合法的输入(15 分),完成输入输出表格填写,测试结果分析,算法复杂度分析(9 分),可以得到基本分 24 分。测试用例没有涵盖各种情况的,相应扣 3~6 分。测试用例考虑全面、测试结果分析透彻,可相应加分。

● 文档员:完成实验报告第一部分描述程序所解决的问题以及算法背景等(5 分),完成第二部分使用伪代码等方法对算法做出详细的分析设计(9 分),文档风格统一(2 分),可以得到基本分 16 分。实验题目分析透彻,算法、数据结构描述恰当,可相应加分。

- 如果程序运行中存在一些错误,对程序员和测试员适当给以减分。整个实验完成优秀,可对全组人员适当加分。
- 小组组长可根据程序完成情况适当加分。

4.2 散列表的应用:插队买票

4.2.1 基础知识回顾

1. 散列表

散列表数据结构是一个包含有关键字的数组,它的大小为固定值 TableSize。每个关键字通过一个函数被映射到从 0 到 TableSize$-$1 内的某个数,并且被放到这个数指向的数组单元中,这个映射就叫做散列函数(Hash Function)。理想情况下它应该能保证任何两个不同的关键字映射到不同的单元。不过这在大多数情况下是不可能的,因为表的大小是有限的,而关键字的总数一般是不受限制的。

理想的散列函数要在散列表单元之间均匀地分配关键字。如何选择合理的散列函数是散列表设计中的一个关键问题。当两个关键字映射到同一个值时,就发生了存贮位置的冲突(Collision),这时必须采取其他调整策略来处理冲突,因此冲突处理函数的设计是散列表的另一个必须考虑的问题。

2. 散列函数的构造

散列函数的构造方法很多,如求余法、平方取中法、折叠法、直接定址法等。其中,最常用的方法就是求余法,即利用取模运算将整数型的关键字 Key 除以散列表大小 TableSize 所得余数作为散列地址,即 hash(Key)=Key mod TableSize。

求余法要求关键字是一个整数。在许多应用中,关键字往往是一个字符串,此时就需要先将字符串关键字转换为整数。常见的转换方法有 3 种。

(1)把字符串中字符的 ASCII 码值加起来,如图 4.5 所示。虽然这个散列函数实现起来简单,但是当表很大时,就不太好分配关键字了。例如,设TableSize=10007 时,关键字至多 8 个字符长,则该散列函数只能映射到 0 到 1016=127×8(字符变量的值最大是 127)之间,显然是一种不均匀的分配。

(2)将字符串中字符的 ASCII 码值按位累乘 27(26 个字符加空格),如图 4.6 所示。图中的例子函数只考虑字符串中的前 3 个字符。假设这些字符是随机分配的,TableSize 仍然是 10007,那么理论上应该会得到一个比较均衡的分配。但是根据字典里的词汇统计,前 3 个字母的不同组合只有 2851,远远小于 3 个字符(除空格外)的随机组合 26×26×26=17576。因此,这个函数实际上还是不合适的。

(3)根据 Honer 法则计算一个以 32 为阶的多项式,如图 4.7 所示。该方法涉及字符串中的所有字符。用 32 代替 27,是因为可以用左移二进制 5 位代替乘 32 运算,可以提高计算速度。

散列表的大小也很重要。例如,若表的大小是 10,而关键字值都是 10 的倍数,则上述标准的散列函数就不是一个好的选择。一个好的办法是保证表的大小是素数。当输入的关键字是随机整数时,散列函数不仅算起来简单而且关键字的分配也很均匀。

```
typedef unsigned int Index;
Index hash1(const char * key, int TableSize)
{
    unsigned int HashVal = 0;
    /* hash(x) = ( ∑ key[i]) % TableSize */
    while( * key ! = '\0')
        HashVal += * (key++);
    return HashVal % TableSize;
}
```

图 4.5 一个适合比较小的表的散列函数

```
Index hash2(const char * key, int TableSize)
{
    /* hash (x)=( ∑²ᵢ₌₀ key[i] * 27ⁱ) % TableSize */
    return (key[0]+27 * key[1]+27 * 27 * key[2]) % TableSize;
}
```

图 4.6 一个适合一般大小的表的散列函数

```
Index Hash3(const char * x, int TableSize)
{
    unsigned   int   HashVal=0;
    /* hash (x)=( ∑ᴷᵉʸˢⁱᶻᵉ⁻¹ᵢ₌₀ key[KeySize−i−1] * 32ⁱ) % TableSize */
    while( * x ! ='\0')
        HashVal=(HashVal≪5)+ * x++;
    return HashVal % TableSize;
}
```

图 4.7 一个比较好的散列函数

图 4.7 的散列函数未必是最好的,但是已经能满足一般情况下的要求。散列函数的最终选择还是要根据应用的实际情况。

3. 冲突解决方法

当一个元素被插入时,另一个元素已经占据了该位置,就会产生冲突。解决冲突有多种方法,这里介绍两种简单的方法。

(1)分离链接法(Separate Chaining):其做法就是把散列到同一个值的所有元素保存到一个链表中,如图 4.8 所示。为了简单起见,散列函数采用 lenof(X)% TableSize,取字符串的长度,后面的例子也采用同样的函数。

(2)开放地址散列法(Open Addressing):开放地址散列法是一种不用链表解决冲突的算法。在该方法中,如果产生冲突,则尝试选择另外的单元,直到找到空的单元 $h_i(x)$ 为止,

$h_i(x) = (hash(x) + f(i)) \% TableSize$，$f(i)$ 是在寻找下一个单元时的地址增量，其中 $f(0) = 0$。因为所有的数据都要保存在散列中，所以开放地址散列法需要的散列表比分离链接法的散列表要大。

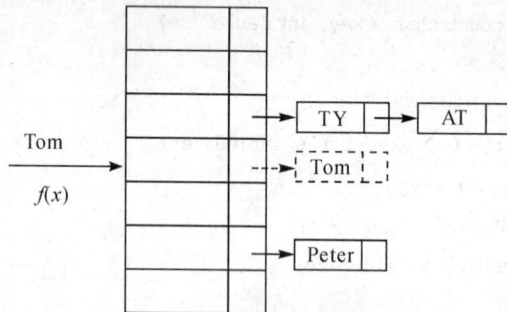

图 4.8　分离链接法

根据函数 $f(i)$ 的不同，开放地址散列法有多种实现方法。

● 线性探测法：$f(i) = i$，当发生冲突时逐个探测空余单元。如表 4.3 所示，将 {Mary, TY, Tom, AT} 插入散列。插入 {Mary, TY, Tom} 后，继续添加 AT 时，依次和 TY、Tom、Mary 发生冲突后，$h_3(AT) = (hash(AT) + f(3)) \% TableSize$，插到单元 5。只要表足够大，总能找到空的单元，只是需要花费比较多的时间。线性探测法在插入的对象增多后会形成区块聚积，导致后来的元素要经过多次冲突才能被插入。特别是，当散列表几乎填满时，性能会急剧降低。

表 4.3　使用线性探测解决冲突

	空表	插入 Mary	插入 TY	插入 Tom	插入 AT
0					
1					
2			TY	TY	TY
3				Tom	Tom
4		Mary	Mary	Mary	Mary
5					AT
6					

● 平方探测：$f(i) = i^2$，是一种消除区块聚积的冲突解决办法。将 {Mary, TY, Tom, AT} 插入散列，如表 4.4 所示。对于平方探测，当表的一半以上空间被占据后，就不能保证一次找到一个空单元了，甚至有可能存在剩余空间但探测不到的情况。

表 4.4　用平方探测解决冲突

	空表	插入 Mary	插入 TY	插入 Tom	插入 AT
0					
1					
2			TY	TY	TY
3				Tom	Tom
4		Mary	Mary	Mary	Mary
5					
6					AT

● 双散列:双散列方法是根据公式 $f(i)=i*\text{hash}_2(X)$ 来计算下一个可存放地址,即将第二个散列函数 $\text{hash}_2()$ 应用于 X 并在距离 $\text{hash}_2(X)$,$2\text{hash}_2(X)$ 等处探测。第二个散列函数要是选得不好将会是灾难性的。如果插入元素 Lottery 到下面的例子中(如表 4.5 所示),$\text{hash}_2(X)=leno f(X)\bmod 7$ 将不起作用。此时如果选择诸如 $\text{hash}_2(X)=R-leno f(X)\bmod R$ 这样的函数将起到良好的作用,其中 R 是小于 TableSize 的素数,对本例 R 可取 5 或 3。

表 4.5 用双散列方法解决冲突

	空表	插入 Mary	插入 TY	插入 Tom	插入 Kathy	插入 Eclipse
0						Eclipse
1						
2			TY	TY	TY	TY
3				Tom	Tom	Tom
4		Mary	Mary	Mary	Mary	Mary
5					Kathy	Kathy
6						

4.2.2 设计题目

春节前夕,一年一度的运输高潮也开始了,成千上万的外出人员都往家赶。火车站售票窗前买票队伍一眼望不到头。运气好的,碰到一个已经在排队的朋友,直接走过去,排他后面,这就叫"插队",但对队伍里的其他人来说是不公平的。本课程设计的任务是写一个程序模拟这种情况。每个队伍都允许插队。如果你在排队,有一个以上的朋友要求插队,则你可以安排他们的次序。每次一个人入队,并且如果这个入队的人发现队伍中有自己的朋友,则可以插入到这个朋友的后面;当队伍中的朋友不止一个的时候,这个人会排在最后一个朋友的后面;如果队伍中没有朋友,则他只能够排在这个队伍的最后面。每一个入队的人都先进行上述的判断。当队伍前面的人买到车票之后,依次出队。

输入要求:

程序从"input. txt"文件读入测试用例,一个文件可包含多个测试用例。每个用例的第一行是朋友组的数目 $n(1\leqslant n\leqslant 1000)$。对于一个朋友组以朋友的数目 $j(1\leqslant j\leqslant 1000)$ 开始,由朋友的个数以及他们的名字组成,一个空格后接该组朋友的名字,以空格分开,并且每个人的名字都不同。每个名字不超过四个字母,由{A,B,…,Z,a,b,…,z}组成。一个朋友组最多有 1000 个人,每个人只属于一个朋友组。$n=0$ 时,测试数据结束。

下面是一些具体命令:

● ENQUEUE X——X 入队;

● DEQUEUE——排队头的人买票,离开队伍,即出队;

● STOP——一个测试用例结束。

输出要求:

测试结果输出到"output. txt"文件中。每个测试用例第一行输出"Scenario ♯k",k 是测试用例的序号(从 1 开始)。对每一个 DEQUEUE 命令,输出刚买票离开队伍的人名。两个测试用例之间隔一空行,最后一个用例结束不输出空行。

输入例子:

```
2
3 Ann Bob Joe
3 Zoe Jim Fat
ENQUEUE Ann
ENQUEUE Zoe
ENQUEUE Bob
ENQUEUE Jim
ENQUEUE Joe
ENQUEUE Fat
DEQUEUE
DEQUEUE
DEQUEUE
DEQUEUE
DEQUEUE
DEQUEUE
STOP
2
5 Anny Jack Jean Bill Jane
6 Eva Mike Ron Sony Geo Zoro
ENQUEUE Anny
ENQUEUE Eva
ENQUEUE Jack
ENQUEUE Jean
ENQUEUE Bill
ENQUEUE Jane
DEQUEUE
DEQUEUE
ENQUEUE Mike
ENQUEUE Ron
DEQUEUE
DEQUEUE
DEQUEUE
DEQUEUE
STOP
0
```

输出例子:

```
Scenario #1
Ann
Bob
Joe
```

Zoe

Jim

Fat

Scenario ♯2

Anny

Jack

Jean

Bill

Jane

Eva

4.2.3　设计分析

本题目主要解决两个问题：一是怎么存放和查找大量数据（主要是姓名）；二是怎么操作"ENQUEUE"和"DEQUEUE"命令。

用散列表来存放和查找数据。由于最多有 1000 个朋友组，每组最多 1000 人，使用平方探测法解决冲突，则表的大小至少是 $2 \times (1000 \times 1000)$，所以选择 TableSize＝2000003（2000003 是大于 2000000 的最小素数）。同一个组内的都是朋友，所以每个人除了记录他的名字 name，还要记录他属于哪个朋友组 group，另外用 info 来表示该单元是否被占用，数据结构如图 4.9 所示。散列函数是根据 Honer 法则计算一个以 64 为阶的多项式，如图 4.10 所示。冲突解决方法采用平方探测法，如图 4.11 所示。

```
#define TabSize 2000003
typedef struct hashtab * PtrToHash;
struct hashtab
{
    char name[5];
    int group;
    char info;              /*用来表示该单元是否被占用*/
};
```

图 4.9　数据结构：散列表

```
int Hash(char * key, int TableSize)
{
    int HashVal = 0;
    while (key! = NULL)
        HashVal = (HashVal ≪6) + * key;
/*注：图 4.7 采用的是左移 5 位。这里为了增大寻址空间，增加到左移 6 位，程序实现中采用
的也是左移 6 位的思想*/
    return HashVal % TableSize;
}
```

图 4.10　散列函数

```
/* hᵢ(X) = (Hash(X) + f(i)) mod TableSize , f(i) = i² */
long Find (PtrToHash hash,char * c)
{
    key = c;
    CurrentPos = Hash(key, TableSize); /* 计算散列值 */
    CollisionNum = 0;
    while((单元被占用) and (单元内的名字与查找的名字不同)) /* 发生冲突 */
    {       /* 使用平方探测 */
        CurrentPos = CurrentPos + 2 * (++CollisionNum) - 1;
        if (CurrentPos >= TabSize)
            CurrentPos = CurrentPos - TabSize;
    }
    return CurrentPos;
}
```

图 4.11　用平方探测法解决冲突

第二个问题是关于怎么操作"ENQUEUE"和"DEQUEUE"命令。这可以用队列来模拟。由于有插队现象的存在，不能单纯地用一个数组来表示队列，因为这样的话，插入一个朋友，则他后面的人都要往后移一个单位，删除一个人，则他后面的人都要前移一个，会降低效率。所以，采用一个 Index 标记来表示当前元素的后继元素，最后一个单元的后继元素是第 0 个，形成环，数据结构如图 4.12 所示。不用链表是因为链表存放指针也需要空间，并且链表插入、删除的效率没有数组高。

```
typedef struct Que * PtrToQue;
struct Que {
    long int HashVal;
    long int Index;
};
```

图 4.12　数据结构：队列

输入 ENQUEUE 命令，如果队伍里有朋友，则排在朋友后面；如果没有遇到朋友，则排到队尾。入队时，用一个数组记录每个朋友组的最后一位，以便下一个朋友到来时排到他后面，这个数组被称为"插队数组"。

输入 DEQUEUE 命令，则根据"先进先出"，按照各个元素和它后继元素的先后顺序，每次删除队列中的第一个。程序结构如图 4.13 所示。

```
    while（读测试文件）
    {
      if（输入"ENQUEUE"）
        {
            读入名字;
            插入散列表;
            插入队列;
        }
      else if（输入"DEQUEUE"）
        {
            删除队列第一个名字;
            将该名字输出到文件;
        }
      else stop;
    }
```

图 4.13　入队、出队操作

4.2.4　设计实现

参考程序源代码如下：

```
# include<stdio. h>
# include<malloc. h>
# include<string. h>
# define TabSize 2000003              /* 散列表大小 TabSize 是大于表最大空间的素数 */
# define Max 1000001                  /* 队列空间最大值 */
struct hashtab;
typedef struct hashtab * PtrToHash;
struct hashtab                        /* 散列表数据结构 */
{
    char name[5];                     /* 名字 */
    int group;                        /* 属于哪个朋友组 */
    char info;                        /* 标志位,该单元是否被占用 */
};
struct Que;
typedef struct Que * PtrToQue;
struct Que                            /* 队列数据结构 */
{
    long int HashVal;                 /* 散列值 */
    long int Index;                   /* 队列中后继元素的位置 */
};

int hashedx = 0;                      /* 标记元素是否已经在散列表里 */
```

```
long int Find(PtrToHash hash,char * c)        /* 查找在散列表中的位置 */
{
    char * key;
    long int CurrentPos,CollisionNum;

    key = c;
    for(CurrentPos = 0; * key; + + key)            /* 散列函数,计算散列值 */
        CurrentPos = (CurrentPos≪6) + * key;
    CurrentPos % = TabSize;                        /* 散列值 */
    CollisionNum = 0;
```
/* 如果当前单元被占用,单元内的元素与当前操作的名字不同,使用平方探测法解决冲突;与当前
操作的名字相同,则直接返回在散列中的位置 */
```
    while((hash[CurrentPos]. info)&&(strcmp(hash[CurrentPos]. name,c)))
    {                                               /* 平方探测法 */
        CurrentPos += 2 * ( + + CollisionNum) - 1;
        if(CurrentPos>= TabSize)
            CurrentPos - = TabSize;
    }
    if((hash[CurrentPos]. info)&&(strcmp(hash[CurrentPos]. name,c) == 0))
                                                    /* 元素已经在散列表里 */
        hashedx = 1;
    else                                            /* 元素不在散列表里 */
        hashedx = 0;
    return CurrentPos;                              /* 返回在散列表中的位置 */
}
int main()
{
    long int Find(PtrToHash hash,char * c);         /* 查找在散列表中的位置 */

    PtrToHash hash;                                 /* 散列表 */
    PtrToQue queue;                                 /* 队列 */
    int * grouppos;                    /* 记录每个朋友组的最后一位,即插队数组 */
    int n;                                          /* 测试用例数目 */
    int num;                                        /* 当前测试用例序号 */
    long int i,j,key,temp;
    long int head,last;                             /* 队列的头和尾 */
    char c[8];                                      /* 名字 */
    FILE * fpin, * fpout;                           /* 输入、输出文件指针 */
    if(!(fpin = fopen("input. txt","r")))           /* 打开测试文件 */
    {
        printf("fopen error!");                     /* 文件打开错误 */
        return - 1;
    }
```

```
if(!(fpout = fopen("output.txt","w")))       /*打开输出文件*/
{
    printf("fopen error!");
    return-1;
}

hash = (PtrToHash)malloc(sizeof(struct hashtab)*TabSize);       /*为散列表申请空间*/
queue = (PtrToQue)malloc(sizeof(struct Que)*Max);       /*为队列申请空间*/
grouppos = (int *)malloc(sizeof(int)*1000);       /*申请空间记录每个朋友组的最后一位*/
for(i=0,j=1;i<Max;++i,++j)       /*初始化队列,queue[i]的后继单元是queue[i+1]*/
    queue[i].Index = j;
queue[i-1].Index = 0;       /*最后一个单元的后继单元是第0个,形成环*/
num = 0;
for(fscanf(fpin,"%d",&n);n;fscanf(fpin,"%d",&n))       /*输入当前测试用例的朋友组数*/
{
if(n<1||n>1000)       /*处理异常输入n*/
    {
        fprintf(fpout,"n is out of range\n");
        return-1;
    }
    num++;
    if(num!=1)                         /*两个测试用例间输入一空行*/
        fprintf(fpout,"\n");
    for(i=0;i<TabSize;)
        hash[i++].info = 0;       /*初始化散列表,标记位置0*/
    for(i=0;i<n;++i)                   /*对每一组朋友*/
    {
        fscanf(fpin,"%d",&j);       /*当前组里的人数*/
        if(j<1||j>1000)             /*处理异常输入j*/
        {
            fprintf(fpout,"j is out of range\n");
            return-1;
        }
        for(;j;--j)
        {
            fscanf(fpin,"%s",c);     /*输入名字*/
            for(ii=0;ii<sizeof(tempc);ii++)   /*tempc清空,处理异常输入名字*/
                tempc[ii] = '\0';
            strcpy(tempc,c);
            ii = 0;
            while(tempc[ii]!='\0')       /*是否由4个以内字母组成*/
            {
                if(tempc[ii]<'A'||('Z'<tempc[ii]&&tempc[ii]<'a')||tempc[ii]>'z'||ii>4)
```

```
                    {
                        fprintf(fpout,"Group % d: Nonstandard name\n ",i);
                        return-1;
                    }
                    ii++;
            }
            key = Find(hash,c);        /*找到在散列表中的位置*/
            if(hashedx == 1)      /*重名*/
            {
                    fprintf(fpout,"repeated name  % s\n",c);
                    return-1;
            }
            strcpy(hash[key].name,c);      /*插入散列表*/
            hash[key].info = 1;      /*标记置1,该单元被占用*/
            hash[key].group = i;        /*记录他属于哪个组*/
        }
}
for(i = 0;i<1000;)
    grouppos[i++] = 0;          /*初始化插队数组*/
head = 0;                   /*初始化队列头、尾标记*/
last = 0;
fprintf(fpout,"Scenario # % d\n",num);      /*输出当前用例序号到文件*/
for(fscanf(fpin," % s",c);;fscanf(fpin," % s",c))      /*输入命令*/
{
    if( * c == ´E´)                 /*入队命令*/
    {
        fscanf(fpin," % s",c);      /*输入名字*/
        key = Find(hash,c);        /*查找在散列表中的位置*/

        if(hashedx == 0)      /*散列表里没这个人*/
        {
            fprintf(fpout,"no % s\n",c);
            return-1;
        }


        temp = queue[0].Index;      /*队列第0个位置记录队尾的后继单元*/
        queue[0].Index = queue[temp].Index;
                        /*在队列中申请一个新单元,队尾标记后移一个位置*/
        queue[temp].HashVal = key;      /*入队*/
        if(!head)      /*如果是队列里的第一个元素*/
            last = head = temp;        /*队头、队尾标记指向第一个元素*/
        if(!grouppos[hash[key].group])      /*如果队列里没朋友*/
        {
```

```
                queue[temp].Index = 0;        /* 队尾指向队头,形成环 */
                queue[last].Index = temp;   /* 前一次队尾的后继元素是当前元素 */
                last = temp;                  /* 队尾标记指向当前元素 */
                grouppos[hash[key].group] = temp;
                              /* 插队数组记录该朋友组里已入队的最后一位 */
            }
            else             /* 如果队列中已经有他的朋友 */
            {
                queue[temp].Index = queue[grouppos[hash[key].group]].Index;
                                /* 插队到朋友的后面 */
                queue[grouppos[hash[key].group]].Index = temp;
                                   /* 插队到朋友后面一位的前面 */
                grouppos[hash[key].group] = temp;
                                   /* 替换插队数组里该组的元素为当前元素 */
                if(hash[queue[last].HashVal].group == hash[key].group)
                    /* 如果当前元素和前一元素是朋友,队尾标志指向当前元素 */
                    last = temp;
            }
        }
        else if( *c == 'D')      /* 出队命令 */
        {
            if(last == 0)        /* 不能对空队列执行出队命令 */
            {
                fprintf(fpout,"Empty queue!\nCan't execute DEQUEUE!\n");
                return -1;
            }
            fprintf(fpout,"%s\n",hash[queue[head].HashVal].name);
                                /* 输出队头元素到文件 */
            temp = head;
            head = queue[temp].Index;    /* 队列第一位出队,队头标记后移一位 */
            queue[temp].Index = queue[0].Index;  /* 队列第 0 个元素后移一位 */
            queue[0].Index = temp;            /* 释放空间 */
            if(grouppos[hash[queue[temp].HashVal].group] == temp)
                        /* 当前删除的元素是该朋友组在队列里的最后一位 */
                grouppos[hash[queue[temp].HashVal].group] = 0;
            if(last == temp)            /* 出队后,队列为空 */
                last = 0;
        }
        else                            /* 输入 "STOP" */
            break;                      /* 测试结束 */
    }
}
```

```
        fprintf(fpout,"\b");
        fclose(fpin);
        fclose(fpout);
}
```

4.2.5 测试方法

- 按输入要求输入正常测试数据,测试程序是否能正确解决问题,得到正确输出。
- 应注意边界测试。例如,将 n、j 分别取为 1 的用例和 n 为 1000 的用例。n、j 比较大时需写程序生成测试用例。
- 不按输入要求输入数据,测试程序能否对输入内容进行数据合法性检测并进行相应的异常处理。例如,将 n 或 j 取为小于 1 或大于 1000 的数,名字超过 4 个字母(Jason)等情况下的测试用例。举几个异常的例子如下表所示。

输入数据	期望输出结果
2 3 Iak Yit Ttq 3 Eiy Iet Jzg ENQUEUE Eiy ENQUEUE Iak DEQUEUE DEQUEUE DEQUEUE STOP 0	Scenario #1 Eiy Iak Empty queue! Can't execute DEQUEUE!
2 3 Iak Yit Ttq 3 Eiy Iet Iak ENQUEUE Eiy ENQUEUE Iak DEQUEUE STOP 0	Repeated name Iak
2 3 Iak Yit Ttq 2 Eiy Iet ENQUEUE Eiy ENQUEUE Iak ENQUEUE Jzg DEQUEUE STOP 0	Scenario #1 no Jzg

输入数据	期望输出结果
2	Group 1：Nonstandard name
3　Iak　Yit　Ttq	
3　Eiy　Iet	
ENQUEUE　Eiy	
ENQUEUE　Iak	
ENQUEUE　Jzg	
DEQUEUE	
STOP	
0	

4.2.6　评分要点

● 程序员：能够完成算法，正确地输入、输出相关内容，并且有充分的注释，可以得到基本分 40 分。如果能对输入内容进行数据合法性检测并进行相应的异常处理，则可考虑给45 分以上。散列的算法巧妙，选择队列的思想巧妙，在正确的基础上提高效率或者增加创新的一些功能，可相应加分。

● 测试员：提供多个测试用例，包括正常的、边界的以及不合法的测试输入，并根据测试结果填写测试报告(16 分)，完成测试结果分析与探讨(8 分)，可以得到基本分 24 分。对于边界数据的测试，当 n、j 比较大时给出程序生成测试用例的，可以相应加分。测试用例没有涵盖各种情况的，相应扣 3～6 分。测试用例考虑全面、测试结果分析透彻，可相应加分。

● 文档员：完成实验报告第一部分(5 分)、第二部分(9 分)，文档风格统一(2 分)，可以得到基本分 16 分。实验题目分析透彻，算法、数据结构描述恰当，可相应加分。

● 如果程序运行中存在一些错误，对程序员和测试员适当给以减分。整个实验完成优秀，可对全组人员适当加分。

第5章

算法设计案例详解

任何程序基本上都是要用特定的算法来实现的。算法性能的好坏,直接决定了所实现程序性能的优劣。本文对有关算法设计的基本知识作了简单的介绍,并给出两个案例:搜索算法效率比较和任务调度问题,希望使读者更加了解算法设计的重要性。针对静态查找问题,本章介绍了搜索算法的不同实现,并对非递归线性搜索算法、递归线性搜索算法和二叉搜索算法这3种搜索算法进行了算法效率方面的详细对比分析。本章还在介绍贪心算法设计特点的基础上,应用贪心算法设计实现了任务调度问题。

5.1 算法分析:搜索算法效率比较

5.1.1 基础知识回顾

1. 定义

算法是为求解一个问题需要遵循的、被清楚地指定的简单指令的集合。解决一个问题,可能存在一种以上的算法,当这些算法都能正确解决问题时,算法需要的资源量将成为衡量算法优良度的重要度量,例如算法所需的时间、空间等。

估计算法所需的资源需要一套形式化的描述,一般使用下面四个定义。

定义1:如果存在正常数 c 和 n_0,使得当 $N \geqslant n_0$ 时 $T(N) \leqslant c \cdot f(N)$,则记为 $T(N) = O(f(N))$,表示算法时间复杂性 $T(N)$ 的上界。

定义2:如果存在正常数 c 和 n_0,使得当 $N \geqslant n_0$ 时 $T(N) \geqslant c \cdot g(N)$,则记为 $T(N) = \Omega(g(N))$,表示算法时间复杂性 $T(N)$ 的下界。

定义3:$T(N) = \Theta(h(N))$,当且仅当 $T(N) = O(h(N))$ 且 $T(N) = \Omega(h(N))$,表示了时间复杂性度量上的等价性。

定义4:如果 $T(N) = O(p(N))$ 且 $T(N) \neq \Theta(p(N))$,则 $T(N) = o(p(N))$,表示了时间复杂性的真上界。

给定两个函数 A 和 B,A 只在一些点上的值小于 B,这样定义 A<B 是没有意义的,主要是要比较它们的相对增长率。而上面四个定义的目的就是要在函数间建立一种相对的级别。

2. 算法的评价

一个算法的评价主要从时间复杂度和空间复杂度来考虑。下面主要介绍如何估计一个算法的运行时间,即它的时间复杂度。

为了简化分析,在计算运行时间时,一般采用如下的约定:不存在特定的时间单位。在计算大 O 运行时间时,抛弃一些常系数,抛弃低阶项。下面通过一个简单的例子具体说明时间复杂度的计算过程。

下面是一个计算 $\sum\limits_{i=1}^{N} i^3$ 的程序:

```
int sum(int N)
{
                int i, Partialsum;
/ * 1 * /       PartialSum = 0;
/ * 2 * /       for( i = 1; i<= N; i++ )
/ * 3 * /           PartialSum += i * i * i;
/ * 4 * /       return PartialSum;
}
```

这个程序,第 1 行占一个时间单位。第 2 行初始化 i 占 1 个时间单元;判断一次 $i<=N$ 占 1 个时间单元,共判断 $N+1$ 次;i 的自增元素每次占 1 个时间单元,共运行 N 次。所以第 2 行共 $2N+2$ 个时间单元。第 3 行每执行一次占用 4 个时间单元(两次乘法,一次加法和一次赋值),执行 N 次共占用 $4N$ 个时间单位。第 4 行占一个时间单位。忽略其他开销,总共是 $6N+4$。计算大 O 运行时间,所以该函数的时间复杂度是 $O(N)$。

从以上的分析中,可以总结出几个在估计运算时间时使用的一般法则。

法则 1:FOR 循环

循环内语句的运行时间乘以循环的次数。

法则 2:嵌套的 FOR 循环

从里向外采用法则 1 计算。一个组嵌套循环内语句的运行时间为它的运行时间乘以嵌套各层的循环的大小。例如,下面这个例子的运行时间是 $O(M * N)$

```
for(i = 0; i<M; i++)
   for(j = 0; j<N; j++)
     k++;
```

法则 3:顺序语句

对各个语句的运行时间求和即可。这就意味着最大值就是所得的运行时间。下面的例子里,程序第一个循环用去 $O(N)$,第二次嵌套循环用去 $O(N^2)$,总的开销是 $O(N^2)$。

```
for(j = 0; j<N; j++)
     k++;
for(i = 0; i<N; i++)
   for(j = 0; j<N; j++)
     kk++;
```

法则 4:if/else 语句

取两个条件分支中运行时间较长的一个作为 if/else 语句的运行时间。

显然,在某些情形下,这么估计有些过高,但绝不会过低。

对数(log)的时间复杂性是分析算法中最难的部分。除了某些分治算法以 $O(\log_2 N)$ 时间运行,可将对数最常出现的规律概括为:如果一个算法用常量时间($O(1)$)将问题的大小消减为其一部分(通常是 $1/2$),那么该算法就是 $O(\log_2 N)$。另一方面,如果使用常数时间只是把问题减少一个常数,那么这种算法就是 $O(N)$ 的。下面以二叉搜索(又称二分查找)为例子来具体说明。

在一个已从小到大排序的数列里查找数 X,二叉搜索首先验证 X 是不是居中的元素。如果是,则找到答案。如果 X 小于居中元素,则用相同的策略在居中元素左边的子序列继续查找。如果 X 大于居中元素,则用相同的策略在居中元素右边的子序列继续查找。图 5.1 是二叉搜索的程序。

显然,每次迭代在循环内的所有工作花费为 $O(1)$,因此分析循环的次数就可以知道程序的时间复杂性。循环从 High$-$Low$=N-1$ 开始,在 High$-$Low$\geqslant-1$ 时结束。每次循环后 High$-$Low 的值与该次循环前相比至少折半。因此,循环的次数最多为 $[\log_2(N-1)]+2$,运行时间是 $O(\log_2 N)$。

二叉搜索提供了 $O(\log_2 N)$ 时间内的查找操作,虽然它在其他操作(特别是插入操作)时也需要 $O(N)$ 时间。但是在数据稳定(即不允许插入操作和删除操作)的应用中,是非常有用的。这类查找称为静态查找。

为验证分析是否正确,一种方法是通过编程实验,比较实际的运行时间与通过分析得到的运行时间是否相匹配。例如,当 N 扩大一倍时,线性程序的运行时间将乘以 2。经验指出,有时分析会估计过大,平均运行时间可能会显著小于最坏情形的运行时间。遗憾的是,对于大多数这种问题,平均运行时间的分析是极其复杂的。

```
int BinarySearch (const ElementType  A[ ], ElementType  X,  int  N)
    {
            int  Low, Mid, High;
            Low = 0;  High = N - 1;
            while (Low <= High) {
                Mid = (Low + High)/2;
                if (A[Mid]<X)
                    Low = Mid + 1;
                else
                    if (A[Mid]>X)
                        High = Mid - 1;
                    else
                        return  Mid;      /* 找到 */
            }  / * end while * /
            return  NotFound;      / * NotFound 值为 - 1 * /
    }
```

图 5.1 二叉搜索

5.1.2 设计题目

给定一个已排序的由 N 个整数组成的数列 $\{0,1,2,3,\cdots,N-1\}$,在该队列中查找指定整数,并观察不同算法的运行时间。

考虑两类算法:一个是线性搜索,从某个方向依次扫描数列中各个元素;另一个是二叉搜索法。

要完成的任务是:

* 分别用递归和非递归实现线性搜索;
* 分析最坏情况下,两个线性搜索算法和二叉搜索算法的复杂度;
* 测量并比较这三个方法在 $N=100,500,1000,2000,4000,6000,8000,10000$ 时的性能,填写表 5.1。

表 5.1　运行时间记录表

	N	100	500	1000	2000	4000	6000	8000	10000
Sequential Search (iterative version)	Iterations（K）								
	Ticks								
	Total Time（sec）								
	Duration（sec）								
Sequential Search (recursive version)	Iterations（K）								
	Ticks								
	Total Time（sec）								
	Duration（sec）								
Binary Search	Iterations（K）								
	Ticks								
	Total Time（sec）								
	Duration（sec）								

注:Sequential Search（iterative version）:非递归线性搜索;

Sequential Search（recursive version）:递归线性搜索;

Binary Search:二叉搜索;

Iterations（K）:重复次数,其中 K 是算法重复运行次数;

Ticks:总时钟跳数;

Total Time（sec）:K 次重复运行的总时间(秒);

Duration（sec）:平均运行时间(秒)。

5.1.3　设计分析

表(List)是用来存放多个相同类型数据的数据结构之一。对表的所有操作都可以通过使用数组来实现。在本题目中,使用数组(如图 5.2)来存放数列。虽然数组是动态指定的,但是还是需要对表的大小的最大值进行估计。一般需要估计得大一些,从而会浪费一定的空间。本题目中传递数组时,以常数参数 const a[ ] 的方式,这样可以防止在搜索时数据被篡改。

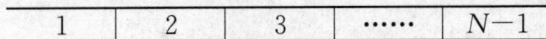

1	2	3	......	$N-1$

图 5.2　用数组存放数列

两种线性搜索算法的程序结构分别如图 5.3 和 5.4 所示。非递归线性搜索从数组的最左边开始,逐个比较,直到找到所搜索的对象或者直到最后搜索失败。递归搜索从最右边开始搜索。为什么不从最左边开始? 因为从左边开始,每次递归除要传递待处理数列的左边界外,还需要传递运算数组的右边界(即 $N-1$,这在本题目里也是变化的)。而从右边开始,每次只需传递数组的右边界(左边界固定为 0)。

```
int IterativeSequentialSearch(const int a[],int x, int n)
{
    for(int i = 0;i<n;i++)
    {
        if  当前扫描到的元素 a[i]与 x 匹配
            return 当前元素的位置 i;
    }
    if  数组已全部扫描,仍然未找到 x
        return NotFound;
}
```

图 5.3 非递归线性搜索

```
int RecursiveSequentialSearch(const int a[], int x, int n)
{
    if 数组已全部扫描,仍然未找到 x
        return NotFound;
    else
        if 当前数列最后一个元素与 x 匹配
            return   当前数列最后一个元素的位置 n-1;
        else
/* 当前数列的剩余元素序列 a[0…(n-1)]作为下次查找的数列,继续查找 */
        return RecursiveSequentialSearch(a,x,n-1);
}
```

图 5.4 递归线性搜索

对于输入数据量很大时,线性搜索的时间太慢,不宜使用。二叉搜索采用折半的思想,它的运行时间为 $O(\log_2 N)$,比线性搜索要快许多,特别是在处理的数据量比较大的时候非常有用。它的程序结构如图 5.5 所示。

```
int BinarySearch(const int a[],int x, int n)
{
    while(left<= right)    /* 在左右边界内搜索 x */
    {
        mid = (left + right)/ 2;   /* 中间位置 */
        if (数组中间位置的元素 a[mid]与 x 匹配)
        return  mid;
        else
            if (a[mid]<x)
                right = mid-1;
            else
                left = mid+1;
    }
    if 数组已全部扫描,仍然未找到 x
    return NotFound;
}
```

图 5.5 二叉搜索

　　在实际测试中,当程序运行时间太快,会无法获得实际运行时间。为避免这种情况,可以将同一操作重复运行 K 遍,得到 1 秒以上的总时间,再将结果除以重复次数 K 得到平均时间。若单重循环还不能达到目的,可用多重嵌套循环解决。

5.1.4　设计实现

参考程序源代码如下:

```
# include<time. h>
# include<stdio. h>
clock_t start, stop;               /* clock_t 是内置数据类型,用于计时 */
double duration;                   /* 记录函数运行时间,以秒为单位 */

/* 非递归线性搜索 x */
int IterativeSequentialSearch(const int a[], int x, int n)
{
    int i;
    for(i = 0; i<n; i + + )
        if(a[i] == x)             /* 找到 x */
            return i;
    return - 1;                    /* 未找到 x */
}

/* 递归线性搜索 x */
int RecursiveSequentialSearch(const int a[], int x, int n)
{
    if(n == 0)
        return - 1;               /* 未找到 x */
    if(a[n - 1] == x)             /* 找到 x */
        return n - 1;
    return RecursiveSequentialSearch(a, x, n - 1);     /* 继续递归线性搜索 */
}

/* 二叉搜索 x */
int BinarySearch(const int a[], int x, int n)
{
    int low, mid, high;           /* 数组的左右边界 */
    low = 0; high = n - 1;
    while(low<= high)
    {
        mid = (low + high)/2;     /* 计算居中元素 */
        if(a[mid]<x)              /* 比居中元素大 */
            low = mid + 1;        /* 改变左边界 */
        else if(a[mid]>x)         /* 比居中元素小 */
```

```
                    high = mid - 1;        / * 改变右边界 * /
               else return mid;           / * 找到 x * /
          }
          return - 1;                      / * 未找到 x * /
     }


     int main()
     {
          / * clock()返回函数运行时间 * /
          int i,n,x,a[10000];
          long k,l;
          printf("Please enter n:\n");
          scanf(" % d",&n);              / * 输入数据 * /
          if(n<100 || n>10000)           / * 处理异常输入 * /
          {
               printf("error!");
               return - 1;
          }
          x = n;                          / * 将要查找的数指定为 n * /
          for(i = 0;i<n;i + +)             / * 数组初始化 * /
               a[i] = i;
          printf("Please enter iterations:\n");  / * 为了更准确地计算运行时间,可以重复多次调用
                                                   算法,再取平均值 * /
          scanf(" % ld",&k);
          if(k<1)        / * 处理异常输入 * /
          {
               printf("error!");
               return - 1;
          }
          / * 非递归线性搜索 * /
          start = clock();                / * 记录函数的开始时间 * /
          for(l = 0;l<k;l + +)
               IterativeSequentialSearch(a,x,n);
          stop = clock();                 / * 记录函数的结束时间 * /
          duration = ((double)(stop - start))/CLK_TCK;     / * 计算函数运行时间 * /
          printf("\nIterativeSequentialSearch:\nIterations: % ld\nTicks: % d\nTotal"
               "Time: % .8lf\nDuration: % .8lf\n",k,(long)(stop - start),duration,duration/k);
          / * 输出花费时间 * /


          / * 递归线性搜索 * /
          start = clock();                / * 记录函数的开始时间 * /
          for(l = 0;l<k;l + +)
               RecursiveSequentialSearch(a,x,n);
```

```
    stop = clock();           /*记录函数的结束时间*/
    duration = ((double)(stop - start))/CLK_TCK;        /*计算函数运行时间*/
    printf("\nRecursiveSequentialSearch:\nIterations:%d\nTicks:%ld\nTotal"
        "Time:%.8lf\nDuration:%.8lf\n",k,(long)(stop - start),duration,duration/k);
        /*输出花费时间*/


    /*二叉搜索*/
    printf("\nIterations of Binary Search is 100 times of iterations more than other two searchs\n");
    k = 100 * k;        /*由于二叉搜索的时间比较快,为了避免出现 0 秒,二叉搜索算法调用的次数
                         是线性搜索的 100 倍*/


    start = clock();        /*记录函数的开始时间*/
    for(l = 0;l<k;l + + )
        BinarySearch(a,x,n);
    stop = clock();           /*记录函数的结束时间*/
    duration = ((double)(stop - start))/CLK_TCK;        /*输出花费时间*/
    printf("\nBinarySearch:\nIterations:%ld\nTicks:%d\nTotal"
        "Time:%.8lf\nDuration:%.8lf\n",k,(long)(stop - start),duration,duration/k);
        /*输出花费时间*/


    return 1;
}
```

5.1.5　测试方法

● 按题目要求分别输入 $N=100,500,1000,2000,4000,6000,8000,10000$,对于每一个 N 要选择不同的重复调用次数 K,直到测试结果趋于稳定。

● 按要求输入数据,测试程序能否对输入内容进行数据合法性检测并进行相应的异常处理。例如 $N=0,-500,100000$,或者 $K=0,-1$ 等,考察程序对异常情况进行处理的能力。

测试案例:

输入数据	期望输出结果(依不同性能的机器具体数值会有所不同)
Please enter n: 100 Please enter iterations: 10000000	IterativeSequentialSearch: Iterations:10000000 Ticks:4015 Total Time:4.01500000 Duration:0.00000040 RecursiveSequentialSearch: Iterations:10000000 Ticks:50860 Total Time:50.86000000 Duration:0.00000509 Iterations of Binary Search is 100 times of iterations more than other two searchs

续表

输入数据	期望输出结果（依不同性能的机器具体数值会有所不同）
	BinarySearch： Iterations：1000000000 Ticks：135109 Total Time：135.10900000 Duration：0.00000014
Please enter n： 100000	error！
Please enter n： 1000 Please enter iterations： −1	error！

5.1.6　评分要点

● 程序员：能够完成算法，正确地输入、输出相关内容，并且有充分的注释就可以得到基本分 40 分。如果能对输入内容进行数据合法性检测并进行相应的异常处理，则可考虑给 45 分以上。数据结构、算法设计巧妙，在正确的基础上提高效率或者增加创新的一些功能，提供友好的输入、输出界面，例如程序可以给出几个选项，每个选项代表用不同的算法来进行搜索，用户可以通过选择各个选项，来运行相应的搜索算法，增加了用户与程序的交互性，可相应加分。

● 测试员：提供多个测试用例，包括正常的、边界的以及不合法的测试输入，并根据测试结果填写测试报告（16 分），完成测试结果分析与探讨（8 分），可以得到基本分 24 分。对表格中每一个数据的测试，由于运行条件不同可能引起执行时间的差异，所以需要多测几遍，直至结果稳定。如果不仅完成表格中要求的测试数据，而且还对更多的 N 和 K 值进行测试，从而得到在不同条件下非递归线性搜索算法、递归线性搜索算法和二叉搜索算法的执行效率的不同运行数据，并通过画折线图等来形象地反映两个线性搜索算法和二叉搜索算法的差异，可相应加分。测试用例没有涵盖各种情况的，相应扣 3～6 分。测试用例考虑全面、测试结果分析透彻，可相应加分。

● 文档员：完成实验报告第一部分（5 分）、第二部分（9 分）内容，文档风格统一（2 分），可以得到基本分 16 分。实验题目分析透彻，算法、数据结构描述恰当，可相应加分。

● 如果程序运行中存在一些错误，对程序员和测试员适当给以减分。整个实验完成优秀，可对全组人员适当加分。

5.2　贪心算法:任务调度问题

5.2.1　基本知识回顾

1. 定义

贪心算法通过一系列的选择来得到一个问题的解。它所做的每一个选择都是当前状态下某种意义的最好选择,即贪心选择。希望通过每次所做的贪心选择导致最终结果是问题的一个最优解。这种启发式的策略并不总能奏效,然而在许多情况下确能达到预期的目的。

下面来看一个找硬币的例子。假设有四种面值的硬币:一分、两分、五分和一角。现在要找给某顾客四角八分钱。这时,一般都会拿出四个一角、一个五分、一个两分和一个一分的硬币递给顾客。这种找硬币的方法与其他方法相比,它所给出的硬币个数是最少的。在这里,就是下意识地使用了贪心算法(即尽可能地先考虑大币值的硬币)。贪心算法并不是从整体最优加以考虑,它所做出的选择只是局部最优选择。一些问题中,使用贪心算法得到的最后结果并不是整体的最优解,这时算法得到的是一个次最优解(Suboptimal Solution)。在上述的问题中,使用贪心算法得到的结果恰好就是问题整体的最优解。

对于一个具体的问题,怎么知道是否可用贪心算法来解此问题,以及能否得到问题的一个最优解呢? 这个问题很难给予肯定的回答。但是,许多可以用贪心算法求解的问题中一般具有两个重要的性质:贪心选择性质和最优子结构性质。

所谓贪心选择性质是指所求问题的整体最优解可以通过一系列局部最优的选择,即贪心选择来达到,这是贪心算法可行的第一个基本要素。对于一个具体问题,要确定它是否具有贪心选择性质,必须证明每一步所做的贪心选择最终将会得到问题的一个整体最优解。首先考察问题的一个整体最优解,并证明可修改这个最优解,使其以贪心选择开始。而且做了贪心选择后,原问题简化为一个规模更小的类似子问题。然后,用数学归纳法证明,通过每一步做贪心选择,最终可得到问题的一个整体最优解。其中,证明贪心选择后的问题简化为规模更小的类似子问题的关键在于利用该问题的最优子结构性质。

当一个问题的最优解包含着它的子问题的最优解时,称此问题具有最优子结构性质,这个性质是该问题可用贪心算法求解的一个关键特征。

2. 贪心算法的应用实例

贪心算法采用的是逐步构造最优解的方法。在每个阶段,都做出一个看上去最优的决策,做出贪心决策的依据称为贪心准则。上面已经给出了找零钱的例子,它采用的贪心准则就是,使找零给出的硬币个数最少。下面给出另外的几个贪心算法的应用例子,使读者对贪心算法有更进一步的认识。

(1)调度问题:现在有作业 $j_1, j_2, \cdots, j_N$,已知各作业对应的运行所需时间分别为 $t_1, t_2, \cdots, t_N$。要求这些作业在一个处理器上运行,并且要求完成这 N 个作业的平均完成时间最小。这里假设一旦开始运行一个作业,那么在该作业完成之前,其他的作业都只能够等待。

这是一个作业的调度问题,采用怎样的调度顺序才可以使平均完成时间最小呢?由于每个作业的完成时间等于它的等待时间与它的执行时间的总和,而每个作业的执行时间是一定的,因此要使所有作业的完成时间最小,就要使它们总的等待时间最小。经验告诉我们,按照作业执行时间的长短进行排序,将短作业优先进行,这样就可以使总的等待时间最小,从而得到最小的平均作业完成时间。当然需要证明这样的策略可以产生一个最优的调度。

令调度表中的作业为 $j_{i_1}, j_{i_2}, j_{i_3}, \cdots, j_{i_N}$。第一个作业以时间 t_{i_1} 完成,第二个作业在时间 $t_{i_1}+t_{i_2}$ 后完成,同样的道理,第三个作业在时间 $t_{i_1}+t_{i_2}+t_{i_3}$ 后完成。因此,总的调度代价 C 为:

$$C=\sum_{k=1}^{N}(N-k+1)t_{i_k} \tag{①}$$

$$C=(N+1)\sum_{k=1}^{N}t_{i_k}-\sum_{k=1}^{N}k \cdot t_{i_k} \tag{②}$$

注意在方程②中,第一个求和结果与作业的次序无关,因此只有第二个求和结果影响到总的开销。设在一个排序中存在 $x>y$ 使得 $t_{i_x}<t_{i_y}$,此时,如果交换 j_{i_x} 和 j_{i_y},那么第二个和将增加,从而降低了总的开销。因此,按照作业最小运行时间最先安排的调度是所有调度方案中最优的。

这里进行作业的调度时使用的贪心准则为:使得当前的调度时间最短。

(2)Huffman 编码:Huffman 编码也是贪心算法思想的一个较为典型的应用,被广泛地用于文件压缩和文件传输中。它的应用背景主要是为了减少文件传输或者文件保存中的大小。在文件中,通常都含有出现次数很多的符号如数字、空格和换行符,而某些特定字符如 z 和 x 等出现的次数相对很少,也就是说,在文件中,出现频率最大和最小的字符之间通常存在着很大的差别。Huffman 编码就是提供一种较好的编码方法,它能保证出现频率高的字符的编码较短,从而降低表示文件所需的总比特数。

Huffman 编码实现过程可以描述如下:假设有 n 个字符,每个字符有相应的出现频率,算法开始的时候是 n 棵各自只包含一个字符的单节点树;一棵树的权值等于它所有叶子节结点的频率之和。算法执行过程中,每次任意选取两棵权值最小的树 T_1 和 T_2,并形成以 T_1 和 T_2 为子树的新树,将这样的过程进行 $n-1$ 次,在算法结束的时候将得到一棵树,这棵树就是最优 Huffman 编码树。

算法中使用的贪心准则为:从可用的二叉树中选出权值最小的两棵。

下面通过一个具体的例子来解释 Huffman 编码算法的过程。

假定要传输 7 种字符,其出现的频率分别是 $0.05, 0.29, 0.07, 0.08, 0.14, 0.26, 0.11$,要求设计 Huffman 编码。

设每个字符的权 $w=(5,29,7,8,14,26,11)$,用 1~7 依次表示各个字符,图 5.6 所示为算法开始时的初始森林。

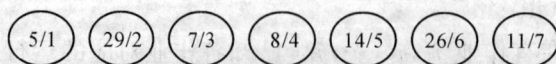

图 5.6 Huffman 算法的初始状态

第一步,选取两个权值最小的节点 1 和节点 3,合并成一棵新的子树 T_1,权值是 12,如

图 5.7 所示。

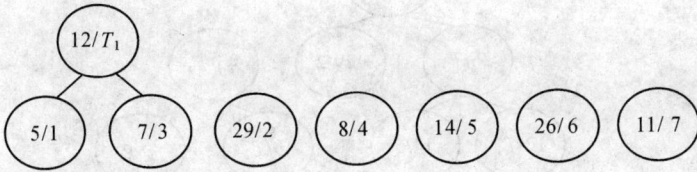

图 5.7　第一次合并以后的状态

第二步,在现有的六棵树中选取两棵权值最小的树,节点 4 和节点 7,合并成新树 T_2,如图 5.8 所示。

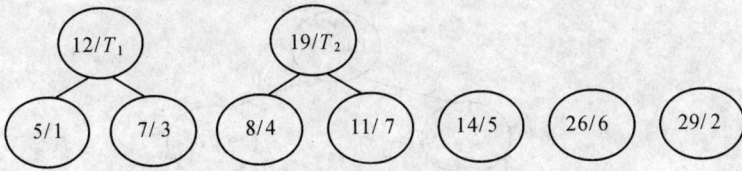

图 5.8　第二次合并之后的状态

第三步,将 T_1 和节点 5 合并建立 T_3,其权值为 26,如图 5.9 所示。

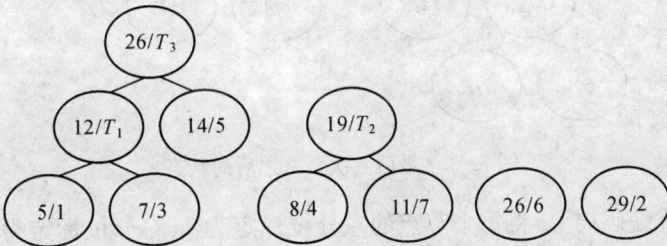

图 5.9　第三次合并之后的状态

第四步,将当前权值最小的两棵树 T_2 和节点 6 合并成新树 T_4,如图 5.10 所示。T_3 的权值也是 26,如果选择 T_3,最后形成的树的形状会有差异,但是不影响正确编码。这里也说明同一个数据集,可能最后形成的 Huffman 树不是唯一的。

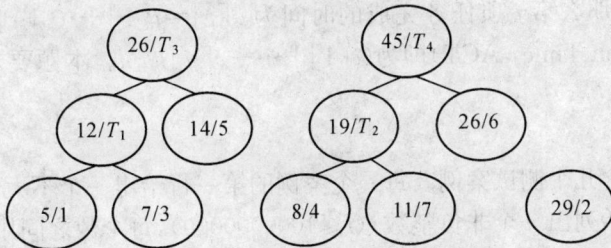

图 5.10　第四次合并后的状态

第五步,合并 T_3 和节点 2,形成 T_5,如图 5.11 所示。最后将剩下的两棵树合并得到如图 5.12 所示的最优树。

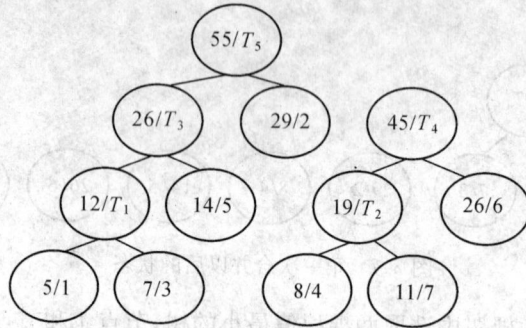

图 5.11 第五次合并之后的状态

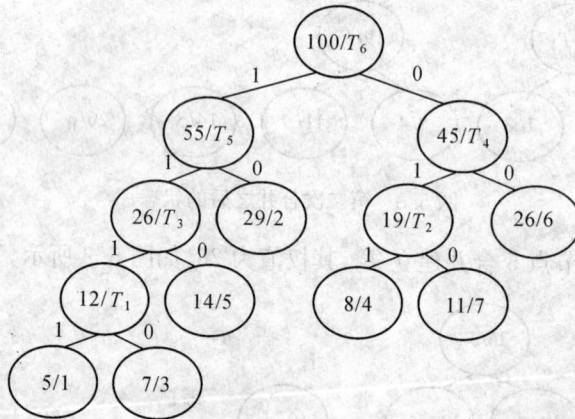

图 5.12 最后一次合并之后的状态

在最后的最优编码树上,将每个节点的左分枝标定为 1,右分枝标定为 0。每个从根节点到叶节点的路径就是该叶节点的 Huffman 编码:节点 1(1111),节点 2(10),节点 3(1110),节点 4(011),节点 5(110),节点 6(00),节点 7(010)。

5.2.2 设计题目

有 n 项任务,要求按顺序执行,并设定第 i 项任务需要 $t[i]$ 单位时间。如果任务完成的顺序为 1,2,…,n,那么第 i 项任务完成的时间为 $c[i]=t[1]+…+t[i]$,平均完成时间(Average Completion Time,ACT)即为 $(c[1]+…+c[n])/n$。本题要求找到最小的任务平均完成时间。

输入要求:

输入数据中包含几个测试案例。每一个案例的第一行给出一个不大于 2000000 的整数 n,接着下面一行开始列出 n 个非负整数 $t(t \leqslant 1000000000)$,每个数之间用空格相互隔开,以一个负数来结束输入。

输出要求:

对每一个测试案例,打印它的最小平均完成时间,并精确到 0.01。每个案例对应的输出结果都占一行。若输入某一个案例中任务数目 n=0,则对应输出一个空行。

输入例子：

```
4
4 2 8 1
 -1
```

表示有四个任务，各自完成需要的时间单位分别是 4,2,8,1，第三行输入-1 表示输入结束。

输出例子：

要求程序运行后的输出结果为：6.50。

5.2.3 设计分析

这个题目属于贪心算法应用中的任务调度问题。要得到所有任务的平均完成时间，只需要将各个任务完成时间从小到大排序，任务实际完成需要的时间等于它等待的时间与自身执行需要的时间之和。这样给出的调度是按照最短作业优先进行来安排的。

明确了可以用最短作业优先的思想后，就可以正式来设计题目的实现了。首先，输入的测试案例可以有很多组，每一个案例的输入格式都是第一行输入任务的个数，然后下面一行输入每一个任务需要的时间单位，输入完成另起一行，可以再继续输入下一个案例的数据。最后用一个任意的负数来表示输入的结束。这样，由于案例的个数开始不得知，所以可以套用一个 for 循环，如图 5.13 所示。

```
for( n = 0; n >= 0 ; )    /*当n小于0的时候,退出程序*/
{
        scanf( "%ld", &n );
        if( n > 0 )
        {
            建立一个具有 n 个元素的数组；
            for(i = 0; i < n ; i++)
            {
                    继续读入这 n 个作业的完成时间；
            }
            进行主要的调度运算；
            输出得到的最优调度结果；
        }
        else if(n == 0)
        {
            输出一个空行；
        }
}
```

图 5.13 采用的 for 循环

所以，对每组输入，其基本过程是：读入 n 个任务的运行时间，进行主要的调度运算。已经明确了采用最短作业优先的程序思想，所以主要的调度运算包括 3 个步骤：

(1)排序:将数组按照从小到大排序。

排序的方法很多,如:冒泡排序、希尔排序、堆排序等,这些排序的方法都可以使用。这里采用希尔排序来实现,如图 5.14 所示。

它的基本思想是:先取一个小于 n 的整数 d_1 作为第一个增量;这里选取 n 的一半作为第一个增量(increment＝$n\gg1$),把数组的全部元素分成 d_1 个组。所有距离为 d_1 的倍数的记录放在同一个组中。先在各组内进行直接插入排序;然后,取第二个增量 $d_2<d_1$ 重复上述的分组和排序,直至所取的增量 $d_t=1(d_t<d_{t-1}<\cdots<d_2<d_1)$,即所有记录放在同一组中进行直接插入排序为止。该方法实质上是一种分组插入排序方法。

```
void Shellsort( long * a, long n )
{
    long i, j, increment;
    long temp;
    /*第一个增量值为 n/2,以后每一次的增量都是上一个增量值的一半*/
    for( increment = n≫1; increment>0; increment≫= 1 )
     /*每次的步长都是通过 n 值右移位来得到的*/
    {
        for(i = increment; i < n; i++)
        {
            /*对每一组里面的元素进行插入排序*/
            temp = *(a+i);
            for(j = i; j>= increment; j-= increment)
            {
                if( temp < *(a+ (j- increment)))
                        *(a+j) = *( a+ (j- increment) );
                else
                    break;
            }
            *(a+j) = temp;
        }
    }
}
```

图 5.14 希尔排序的实现

(2)计算总的平均完成时间:排序完成后,数组 a 中的元素以升序的方式排列,因此总的平均完成时间为

$$ACT = \sum_{i=0}^{N} a[i] \cdot (n-i)/n$$

(3)输出调度结果:由于输出的结果要求精确到 0.01,所以输出的时候需要采用以下输出格式。

```
double r[100];      /* 依次存放每个案例的 ACT */
......
printf( "%.2f\n", r[i]);
/* 输出的结果要求精确到 0.01 */
```

图 5.15   要求输出的精度为 0.01

另外,程序实现的时候,要求用户一次可以输入一组或者多组测试案例的数据,当用户的输入完成后,程序经过计算在屏幕上分行显示这几个案例的结果。因此,在有多个测试案例的情况下,需要设置一个数组,用来存放每一组测试案例的计算结果,如图 5.16 所示。

```
double  r[100];     /* 用来存放每个测试案例的计算结果 */
j = 0;              /* 记录测试案例的个数 */
for(对每一个测试案例)
{
    把计算得到的最优调度时间存入 r[j]中;
    j++;
}
/* 当输入的 n 值为负数时,跳出上面的 for 循环 */
for(从 0 到 j)
    {
        if(r[i] == -1)printf("\n");     /* 输出一个空行 */
        else printf( "%.2f\n", r[i] );      /* 输出的结果要求精确到 0.01 */
    }
```

图 5.16   有多个测试案例的处理方法

5.2.4   设计实现

```c
#include<stdio.h>

void Shellsort(long * a, long n);

int main()
{
    long n, i, j;
    long * a, * b;
    double r[100];     /* 用来存放每个测试案例的计算结果 */
    j = 0;     /* 记录测试案例的个数 */

/* 读入用户的输入,若当前输入为负数,则程序终止 */
    for(n = 0; n >= 0 ;)
    {
        scanf("%ld", &n);
        if(n > 2000000){
```

```
            printf("too much for the project!\n");
            exit(0);
        }
    if(n> 0)
    {
        b = (long * )malloc(n * sizeof(long));
        a = b;
        for(i = 0; i<n ; i++)
        {
            scanf(" % ld", b+ i);
            /* 检查输入的数据是否大于 1000000000 */
            if( * (b+ i)> 1000000000){
                printf("too much for the project!\n");
                exit(0);
            }
            /* 对输入中出现任务时间为负数的异常处理 */
            if( * (b+ i)<0)
            {
                printf("input error! \n");
                return 0;
            }
        }
        Shellsort(b, n);
        /* 计算平均完成时间 */
        for(i = n, r[j] = 0.0; i> 0 ; i-- ,a++)
        {
            r[j] += (double) * a/(double)n * i;
        }
        j++;
        free(b);
    }
    /* 当 n 为 0 时,标志相应的 r 数组值为 - 1,输出时遇到 - 1,则输出一个空行 */
    else if(n == 0)
    {
        r[j++] =-1;
    }
}

for(i = 0;i<j;i++)
{
    if(r[i] ==- 1)printf("\n");      /* 输出一个空行 */
    else printf(" %.2f\n", r[i]);      /* 输出的结果要求精确到 0.01 */
}
```

```
    return 1;
}
/ * 希尔排序方法 * /
void Shellsort(long * a, long n)
{
    long i, j, increment;
    long temp;
/ * 第一个增量值为 n/2,以后每一次的增量都是上一个增量值的一半 * /
    for(increment = n≫1; increment＞0; increment≫= 1)
    {
        for(i = increment; i＜n; i++)
        {
        temp = * (a + i);
        for(j = i; j≥= increment; j-= increment)
        {
            if(temp＜ * (a + (j - increment)))
                    * (a + j) = * (a + (j - increment));
            else
                break;
        }
        * (a + j) = temp;
        }
    }
}
```

5.2.5　测试方法

这个程序主要需要测试以下几个方面:

● 当任务个数为 0 时,需要对应输出一个空行。

● 当输入的作业数目大于 2000000,或者单个作业完成的时间大于 1000000000 的时候,程序要求报错。

● 另外,当任务数比较大的时候,输入对应的任务时间时要仔细,务必保证输入的任务个数与要求的任务数一致。如果出现输入的任务数与 n 值不相符时,程序应会报错,输出"input error!"的错误。

正确的输入数据和输出数据如下表所示:

输入数据	期望输出结果
4	6.50
4 2 8 1	
0	0.00
1	855.21
0	
100	
99 77 22 100 11 33 88 23 0 0 1 2 3 4 9 8 7 6 10 5	
99 37 22 100 14 39 88 13 88 0 18 2 34 4 97 8 7 6 14 5	
9 77 62 11 12 33 85 15 0 18 71 2 38 4 9 78 7 76 71 54	
79 97 29 100 16 33 88 32 70 60 71 24 3 4 98 8 7 46 18 45	
29 74 29 100 11 32 81 65 40 30 17 2 3 4 9 78 7 6 17 5	
−1	

异常的输入数据：

输入数据	期望输出结果
5	input error!
1 6 4 7	
−1	
5	input error!
1 6 4 7 8 5	
−1	
2000001	too much for the project!
5	too much for the project!
45 78 12457855478 6	

5.2.6 评分要点

● 程序员：能够完成算法，正确地输入、输出相关内容，并且有充分的注释就可以得到基本分 40 分。如果能对输入内容进行数据合法性检测并进行相应的异常处理，则可考虑给 45 分以上。当测试数据比较大的时候，应该提供从文本读入测试数据的功能。数据结构、算法设计巧妙，例如在排序的时候采用更高效的算法。能够在正确的基础上提高效率或者增加创新的一些功能，或提供友好的输入、输出界面，可相应加分。

● 测试员：提供多个测试用例，包括正常的、边界的以及不合法的测试输入，并根据测试结果填写测试报告（16 分），完成测试结果分析与探讨（8 分），可以得到基本分 24 分。测试用例没有涵盖各种情况的，相应扣 3～6 分。测试用例考虑全面、测试结果分析透彻，可相应加分。

● 文档员：完成实验报告第一部分（5 分）、第二部分（9 分）内容，文档风格统一（2 分），可以得到基本分 16 分。实验题目分析透彻，算法、数据结构描述恰当，可相应加分。

● 如果程序运行中存在一些错误，对程序员和测试员适当给以减分。整个实验完成优秀，可对全组人员适当加分。

## 第 6 章

课程设计习题

前 4 章针对数据结构 4 方面的内容给出了 8 个大型综合性练习案例,并对这些案例从问题分析、设计、实现以及测试等方面进行了详细的论述。

本章的目的是让读者在上述内容学习的基础上,针对另一套类似的大型综合习题自己动手解决问题,进一步全面提高分析问题、解决问题的能力。

本章列出了 8 个大型综合性习题,每道题给出了问题描述、输入输出格式要求、分工要求及主要算法提示等。读者可根据实际情况选择若干题目加以设计和实现。

6.1 二叉搜索树:各种搜索树效率比较

6.1.1 题目要求

本题目要求对普通的二叉搜索树、AVL 树、伸展树(Splay Tree)分别实现指定操作,并分析比较这三种不同数据结构对应的一系列插入和删除操作的效率。要求测试对 N 个不同整数进行下列操作的效率:

- 按递增顺序插入 N 个整数,并按同样顺序删除;
- 按递增顺序插入 N 个整数,并按相反顺序删除;
- 按随机顺序插入 N 个整数,并按随机顺序删除。

要求 N 从 1000 到 10000 取值,并以数据规模 N 为横轴,运行时间为纵轴,画出 3 种不同数据结构对应的操作效率比较图。

6.1.2 分工要求

- 程序员:实现 3 种不同数据结构对应的插入、删除操作(40 分);编写效率测试程序(10 分)。注意源代码必须有充分注释。
- 测试员:提供测试输入,并根据测试结果填写运行时间记录表(12 分);画出 3 种不同数据结构对应的操作效率比较图(8 分);完成测试结果分析与探讨(10 分)。
- 文档员:完成实验报告第一部分(6 分)、第二部分(12 分),要求文档风格统一(2 分)。

6.1.3 简要提示

该题目的要求与本书 5.1 节介绍的搜索算法效率比较相似,可以模仿。插入和删除操作的实现,一般教科书中都有详细介绍,并不困难。

需要注意的是，比较测试的表格要设计得清晰，最好将插入和删除分开列表。

另外，当运行时间太短时，为避免得到 0 秒，应将同一操作重复充分多遍，得到 1 秒以上的总时间，再将结果除以重复次数。若单重循环不能达到目的，可用多重嵌套循环解决。

绘图时须注意坐标轴上的单位长度要固定，经常出现的错误是 0 到 1000 的距离跟 1000 到 5000 的距离长度相同，则绘出的曲线会对读者产生误导。

6.2 并查集：检查网络

6.2.1 题目要求

给定一个计算机网络以及机器间的双向连线列表，每一条连线允许两端的计算机进行直接的文件传输，其他计算机间若存在一条连通路径，也可以进行间接的文件传输。请写程序判断：任意指定两台计算机，它们之间是否可以进行文件传输？

输入要求：

输入由若干组测试数据组成。对于每一组测试，第 1 行包含一个整数 $N(\leqslant 10000)$，即网络中计算机的总台数，因而每台计算机可用 1 到 N 之间的一个正整数表示。接下来的几行输入格式为 I C1 C2 或者 C C1 C2 或者 S，其中 C1 和 C2 是两台计算机的序号，I 表示在 C1 和 C2 间输入一条连线，C 表示检查 C1 和 C2 间是否可以传输文件，S 表示该组测试结束。

当 N 为 0 时，表示全部测试结束，不要对该数据做任何处理。

输出要求：

对每一组 C 开头的测试，检查 C1 和 C2 间是否可以传输文件，若可以，则在一行中输出"yes"，否则输出"no"。

当读到 S 时，检查整个网络。若网络中任意两机器间都可以传输文件，则在一行中输出"The network is connected."，否则输出"There are k components."，其中 k 是网络中连通集的个数。

两组测试数据之间请输出一空行分隔。

输入例子：

```
3
C 1 2
I 1 2
C 1 2
S
3
I 3 1
I 2 3
C 1 2
S
0
```

输出例子：

no

yes

There are 2 components.

yes

The network is connected.

6.2.2　分工要求

- 程序员：实现程序(50 分)。注意源代码必须有充分注释。
- 测试员：提供测试输入，并根据测试结果填写测试报告(20 分)；完成测试结果分析与探讨(10 分)。
- 文档员：完成实验报告第一部分(6 分)、第二部分(12 分)内容，要求文档风格统一(2分)。

6.2.3　简要提示

　　该题目可应用并查集(union-find set)实现，将每台机器当作一个节点，令连通的机器属于同一个集合。即每次读到 I 开头的输入时，检查 C1 和 C2 是否属于同一个集合，若不属于，则合并它们分别属于的两个集合。每次读到 C 开头的输入时，检查 C1 和 C2 是否属于同一个集合，若是则表明两者之间有连通路径，可以传输文件，输出"yes"，否则输出"no"。最后检查连通集个数时，只要数一下集合中还有几个节点是根节点就可以了。由于对集合的操作主要是并(union)和查找(find)，所以可以采用双亲表示法的树结构来表示集体。

　　本题应有大数据量的测试。为保证程序的效率，可采用按树的大小加权合并、查找时减小树高的改进方法。

　　测试员应注意边界测试，例如将 N 取为 1 的用例和 N 为 10000 的用例。

6.3　网络流：宇宙旅行

6.3.1　题目要求

　　在走遍了地球上的所有景点以后，旅游狂人开始计划他的宇宙旅行项目。经过谨慎调查，他目前掌握了一张各卫星空间站可以临时容纳的旅客人数的列表。当旅客从一个星球飞往另一个星球时，需要在若干卫星空间站临时停靠中转，而这些空间站不能接待任何旅客驻留，旅客必须立刻转乘另一艘飞船离开，所以空间站不能接待超过自己最大容量的旅客流。为了估计预算，现在旅游狂人需要知道终点星球的接待站应该设计多大容量，才能使得每艘飞船在到达时都可以保证让全部旅客下船。

　　输入要求：

　　输入由若干组测试数据组成。

每组测试数据的第 1 行包含旅行的起点星球和终点星球的名称和一个不超过 500 的正整数 N（N 为 0 标志全部测试结束，不要对该数据做任何处理）。

接下来的 N 行里，数据格式为：source$_i$ destination$_i$ capacity$_i$，其中 source$_i$ 和 destination$_i$ 是卫星空间站的名称或起点、终点星球的名称，正整数 capacity$_i$ 是飞船从 source$_i$ 到 destination$_i$ 一次能运载的最大旅客流量。每个名称是由 A～Z 之间 3 个大写字母组成的字符串，例如 ZJU。

测试数据中不包含任何到达起点星球的信息以及任何从终点星球出发的信息。

输出要求：

对每一组测试，在一行里输出终点星球接待站应具有的最小容量，使得每艘飞船在到达时都可以保证让全部旅客下船。

输入例子：

EAR MAR 8

EAR AAA 300

EAR BBB 200

AAA BBB 100

AAA CCC 300

BBB DDD 200

AAA DDD 400

CCC MAR 200

DDD MAR 300

EAR MAR 8

EAR AAA 300

AAA BBB 400

EAR DDD 200

AAA DDD 100

AAA CCC 300

DDD BBB 200

CCC MAR 200

BBB MAR 300

ABC DEF 0

输出例子：

500

500

6.3.2　分工要求

- 程序员：实现程序（50 分）。注意源代码必须有充分注释。
- 测试员：提供测试输入，并根据测试结果填写测试报告（20 分）；完成测试结果分析与探讨（10 分）。
- 文档员：完成实验报告第一部分（6 分）、第二部分（12 分）的内容，要求文档风格统一（2 分）。

6.3.3　简要提示

该题目中给定了起点和终点(星球),其他节点(空间站)的流入量必须等于流出量,建议用网络流(Network Flow)方法解决。每次可从剩余图(Residual Graph)中找一条从起点到终点的最短路径,再按照参考文献[1]中的修正算法进行。

实现时注意,程序应能在 2 秒内处理 10 组最大规模($N=500$)的测试用例。为提高程序效率,需要为节点名建立散列表,避免在查找节点名上浪费时间。

所以这个题目的实现涉及 3 种算法:最短路径、散列映射、网络流。

测试时应注意边界测试,需要写个程序生成 N 为 500 的输入。

6.4　最小生成树:室内布线

6.4.1　题目要求

装修新房子是一项颇为复杂的工程,现在需要写个程序帮助房主设计室内电线的布局。

首先,墙壁上插座的位置是固定的。插座间需要有电线相连,而且要布置得整齐美观,即要求每条线都与至少一条墙边平行,且嵌入四壁或者地板(不能走屋顶)。

房主要求知道,要将所有插座连通,自己需要买的电线的最短长度。

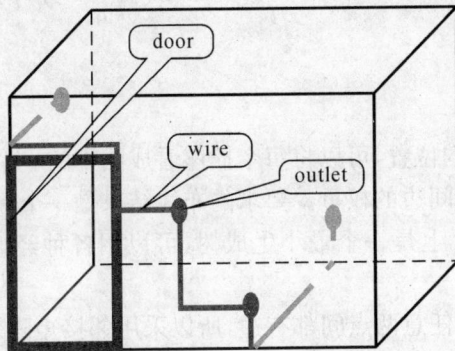

图 6.1　室内布线示意图

另外,别忘了每个房间都有门,电线不可以穿门而过。上图给出了一个有 4 插座的房间的电线布局。

输入要求:

输入由若干组测试数据组成。

每组数据的第 1 行包含房间的长、宽、高和插座的个数 N(N 为一个不超过 20 的正整数)。

接下去的 N 行中,第 i 行给出第 i 个插座的位置坐标(x_i, y_i, z_i);最后一行包含 4 个 3 元组$(x_1, y_1, z_1) \cdots (x_4, y_4, z_4)$,分别是长方形门框的 4 个角的三维坐标。4 个数字全部为 0 表示全部测试结束,不要对该数据做任何处理。

注意:这里假设长方体形状的房间完全位于三维直角坐标系的第一象限内,并且有一个角落在原点上。地板位于 $x-y$ 平面。题目数据保证,每个插座仅属于四面墙中的一面,门上没有插座。要求每段电线的两端必须仅与插座连接,电线之间不能互相交叉焊接。

输出要求:

对每一组测试,在一行里输出要将所有插座连通需要买的电线的最短整数长度。

输入例子:

```
10 10 10 4
0 1 3.3
2.5 0 2
5 0 0.8
5 10 1
0 0 0 0 0 3 1.5 0 0 1.5 0 3
0 0 0 0
```

输出例子:

```
21
```

6.4.2　分工要求

- 程序员:实现程序(50 分)。注意源代码必须有充分注释。
- 测试员:提供测试输入,并根据测试结果填写测试报告(20 分);完成测试结果分析与探讨(10 分)。
- 文档员:完成实验报告第一部分(6 分)、第二部分(12 分)内容,要求文档风格统一(2分)。

6.4.3　简要提示

该题目中给定了插座的位置,可以将每个插座看成图中的一个节点,计算出任意两插座间的最短距离,作为两节点间边的权重。要求的布线结果是一个保证连通的子图,其中包含的边的权重和最小,这实际上是一个最小生成树,可以用各种经典的求最小生成树的算法(如 Kruskal 算法)解决。

实现时注意,因为图中任意两点间都有边,所以采用邻接矩阵表示图比较好。

构建图的过程比较复杂。为了方便地计算两插座间的最短距离,每个插座除了要在数据结构体中记录坐标外,还需要判断它属于哪一面墙。然后根据墙的编号,判断两插座属于下列哪 3 种情况之一:在同一面墙上、在相邻两面墙上、在对面的墙上。对于任何一种情况,还需要判断它们所在的墙上是否有门。没有门的情况相对简单些,否则还需要考虑绕过门框的布线方法。建议将有门的情况单独抽取出来,写成一个函数,可以被有效地重用。

输出时应注意,题目要求输出整数长度,但不能四舍五入,而必须向上取整,因为电线短一点就不能保证连通了。

6.5　分治法：最小套圈设计 *

6.5.1　题目要求

套圈游戏是游乐场中常见的游戏之一，其规则为：游戏者将手中的圆环套圈投向场中的玩具，被套中的玩具就作为奖品奖给游戏者。

现给定一个套圈游戏场的布局，固定每个玩具的位置，请你设计圆环套圈的半径尺寸，使得它每次最多只能套中一个玩具。但同时为了让游戏看起来更具有吸引力，这个套圈的半径又需要尽可能大。

把问题进一步简化，假设每个玩具都是平面上的一个没有面积的点，套圈是简单的圆。一个玩具被套住，是指这个点到圆心的距离严格小于圆半径。如果有两个玩具被放在同一个位置，那么输出的圆半径就是 0。

输入要求：

输入由若干组测试数据组成。

每组数据的第 1 行包含一正整数 $N(2 \leqslant N \leqslant 100000)$，代表场地中玩具的个数。接下来有 N 行输入，每行包含一个玩具的 x 和 y 坐标。当 N 为 0 时，表示全部测试结束，不要对该数据做任何处理。

输出要求：

对每一组测试，在一行里输出符合设计要求的套圈的半径，精确到小数点后两位。

输入例子：

```
2
0 0
1 1
2
1 1
1 1
3
-1.5 0
0 0
0 1.5
0
```

输出例子：

```
0.71
0.00
0.75
```

---

* 选自 2004 年浙江省大学生程序设计竞赛。

6.5.2　分工要求

- 程序员:实现程序(50分)。注意源代码必须有充分注释。
- 测试员:提供测试输入,并根据测试结果填写测试报告(20分);完成测试结果分析与探讨(10分)。
- 文档员:完成实验报告第一部分(6分)、第二部分(12分)内容,要求文档风格统一(2分)。

6.5.3　简要提示

首先必须认识到,找到最小距离点对之后,将套圈半径取为这个最小距离的一半,就一定满足题目的要求。所以,问题实质上是经典的求最近点对的问题。

一个最简单的做法是用二重循环把所有可能的点对遍历,计算全部$(N-1)N/2$个距离,从中找出最小值。这个算法的时间复杂度显然是$O(N^2)$,当测试数据规模比较大时,会导致超时,必须设计时间复杂度为$O(N\log_2 N)$的算法。

一种解法是"分而治之",如图6.2所示。将所有点按其x坐标排序,从中间将场地一分为二,递归地解决两边场地的子问题,分别得到两个子问题的最小半径$d_左$和$d_右$——这个过程是"分";在所有横跨分界线的点对中找出距离最近的点对,并将这个距离作为$d_中$与两个子问题的解$d_左$和$d_右$进行比较,其中最小的值即为问题的最终解——这个过程称为"治"。这个问题的难点在于"治",即求出所有横跨分界线的点对中距离最近的点对。如果这个过程的算法复杂度不能减少到$O(N)$,则整体复杂度将仍然是$O(N^2)$,不能满足要求。

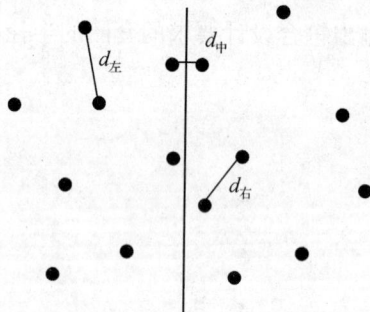

图6.2　"分而治之"示意图

注意到如果$d_中$真正能起作用,则应有$d_中<\delta=\min\{d_左,d_右\}$,只须考虑距中分线$\delta$范围以内的点,如图6.3中阴影所示的中间带状区域(这里$\delta=d_右$)。同理,中间带内若两点的y坐标之差大于δ,则这样的点对也不必考虑,这就将搜索的范围大大缩小了。可将中间带内的点按其y坐标排序。对任一点P_i,只需向下比较$P_j(j>i)$,一旦$|P_i\cdot y-P_j\cdot y|>\delta$,则可结束对$P_i$的考察而转向考察$P_{i+1}$。

由δ的定义可知,对任一P_i,最坏情况下也只须比较5个点(不考虑有重合点的情况),如图6.4所示。这是因为在左右两个$\delta\times\delta$的正方形区域内,若P_i占据了某个正方形的一角,则该正方形内不可能有点,否则该点与P_i的距离必然小于δ,与δ的定义矛盾。所以最坏情况只有6个点刚好落在两个正方形的角点上,而其中一个点是P_i。

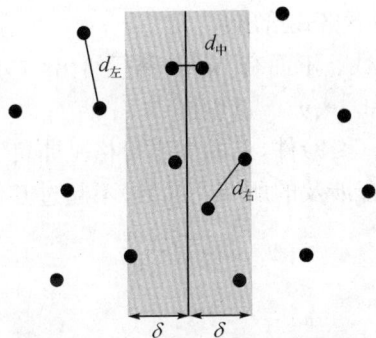

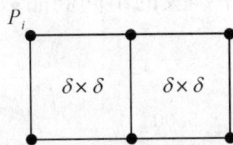

图 6.3　计算 $d_{中}$ 所涉及的中间带　　图 6.4　矩形域内点的稀疏性

这样就可以在 $O(N)$ 时间内解决 $d_{中}$ 的计算。

还有一点必须注意,不可以在每次递归中都对点的 y 坐标重新排序,否则整体复杂度还是不能降低。解决方法是在执行分治法之前对点集进行两次预排序,保存两个点列:一是按 x 坐标排序后的点列,另一为按 y 坐标排序后的点列。完成预排序后,递归时就可以顺序扫描按 y 坐标排序后的点列,根据 x 坐标所在的左右子集划分,将点按其 y 坐标有序地分别放进左右两个子集中。该过程的时间复杂度是 $O(N)$。

6.6　动态规划:商店购物 *

6.6.1　题目要求

某商店促销中为顾客提供各种优惠,把若干种商品分成一组降价销售。例如一朵花原价 2 元,一只花瓶原价 5 元,而用优惠券可以用 5 元买 3 朵花,用 10 元买 2 只花瓶加 1 朵花。这时顾客买 3 朵花和 2 只花瓶只须付 14 元——用第 2 种优惠组合买 2 只花瓶加 1 朵花,再用原价买 2 朵花,所付费用最少。

请编写程序帮助收银员计算顾客所购商品应付的最少费用。假定顾客手中优惠券都有充分多张,可将同一种券反复用任意多次。例如,给定优惠券上写明 3 朵花售 5 元,则顾客买 6 朵花时可将此券用 2 次,只需付 10 元。

注意:收银员不能改变顾客的购物种类和数量,即使增加某些商品会使付款总数减少,也不允许收银员做任何更改。

输入要求:

输入由 2 部分组成。

第 1 部分包含 10000 种商品的名称和价格,每一行以下列格式给出:

[商品名称] 价格

其中商品名称由不超过 60 个字符且不包括"["和"]"的字符串组成,价格是非负实数。

接下来的输入由若干组测试数据组成。每组数据包含一张优惠券的 N 种组合优惠的

---

* 改编自 1995 年国际信息学奥林匹克竞赛题。

描述和顾客购物清单。其中优惠券的描述按如下格式给出：

$N(\leqslant 20)$ 是优惠券中的商品组合方法的个数。下面有 N 行，每行给出

m ［商品$_1$］* n_1 ［商品$_2$］* $n_2 \cdots$ ［商品$_m$］* n_m 总价格

表示该组合包含 m 种商品，其中商品$_i$必须买 $n_i(\leqslant 9)$ 件，总的优惠价格是非负实数总价格。任何一张优惠券中涉及的不同商品数（N 种组合涉及的所有商品数）不超过 6 件。例如，样例输入中的

2

1 ［flower］* 3　5.00

2 ［flower］* 1 ［vase］* 2　10.00

表示该优惠券包含 2 种组合方式，即：可以用 5 元买 3 朵花，用 10 元买 2 只花瓶加 1 朵花。

顾客购物清单的描述按如下格式给出：

$L(\leqslant 30)$ 是不同商品的个数。下面有 L 行，每行给出

［商品名称］购买数量$(\leqslant 9)$

例如输入例子中的

2

［flower］　3

［vase］　2

表示该顾客要买 3 朵花和 2 只花瓶。

当 N 为负数时表示全部测试结束，不要对该数据做任何处理。

输出要求：

对每一组测试，在一行里输出顾客应付的最少费用，精确到分。

输入例子：

［the 1st item］15.20

［the 2nd item］80.00

［the 3rd item］120.00

［vase］5.00

［flower］2.00

...　...

［the 10000th item］1.00

2

1 ［flower］* 3　5.00

2 ［flower］* 1 ［vase］* 2　10.00

2

［flower］　3

［vase］　2

1

1 ［flower］* 3　5.00

1

［flower］　6

4

1 ［flower］* 3　6.00

2 [flower] * 2 [vase] * 1   7.00

2 [flower] * 4 [vase] * 3   11.00

2 [flower] * 5 [vase] * 2   9.00

2

[flower] 9

[vase]   5

-1

输出例子：

14.00

10.00

20.00

6.6.2 分工要求

- 程序员：实现程序(50 分)。注意源代码必须有充分注释。
- 测试员：提供测试输入，并根据测试结果填写测试报告(20 分)；完成测试结果分析与探讨(10 分)。
- 文档员：完成实验报告第一部分(6 分)、第二部分(12 分)内容，要求文档风格统一(2 分)。

6.6.3 简要提示

直接对各种优惠组合做深度优先搜索是可以解的，但是效率非常低。有兴趣的同学可以尝试画一下输入例子中的第 3 组数据的深度优先搜索树，就会发现搜索中存在大量重复。

事实上，这题可以用动态规划法高效地解决。可用一个 6 维数组存放各种优惠商品的最低价格，即用 $m[n_1][n_2]\cdots[n_6]$ 记录购买第 1 种商品 n_1 个、第 2 种 n_2 个、……、第 6 种 n_6 个的最少费用，则 m 具有最优子结构性质，可以用动态规划法求解。具体递推公式为：

$$m[n_1][n_2][n_3][n_4][n_5][n_6]$$
$$=\min\begin{cases}m[n_1-k_1][n_2-k_2][n_3-k_3][n_4-k_4][n_5-k_5][n_6-k_6]+\text{cost}[k] & (k=1,\cdots,N)\\ \sum_{i=1}^{6}n_i\times p_i\end{cases}$$

其中 $\sum_{i=1}^{6}n_i\times p_i$ 是不用优惠券直接购买的总费用(p_i 是第 i 种商品的价格)，可以作为 m 的初始值。$m[n_1-k_1][n_2-k_2][n_3-k_3][n_4-k_4][n_5-k_5][n_6-k_6]$ 是指在使用第 k 种优惠组合之前的最优解，$\text{cost}[k]$ 为第 k 种优惠组合的总价格。因而，当前最优解 $m[n_1][n_2]\cdots[n_6]$ 就在使用或不使用下一个优惠券组合的所有可能中取最小值。

另外必须注意到，解题过程中需要反复找到某商品的原定价格，所以在开始进入动态规划之前，必须将全部商品按其名称排序，这样每次要查找该商品信息时，使用二分查找就可以了。

6.7 熊猫烧香*

6.7.1 题目要求

"熊猫烧香"是在网络中传播的一种著名病毒,因为图标是一只可爱的熊猫而得名。该病毒比较难以处理的一个原因是它有很多变种。

现在某实验室的网络就不幸感染了这种病毒。从图 6.5 中可以看到,实验室的机器排列为一个 M 行 N 列的矩阵,每台机器只和它相邻的机器直接相连。开始时有 T 台机器被感染,每台遭遇的熊猫变种类型都不同,分别记为 $Type_1, Type_2, \cdots, Type_T$。每台机器都具有一定级别的防御能力,将防御级别记为 $L(0 < L < 1000)$。"熊猫烧香"按照下列规则迅速在网络中传播:

- 病毒只能从一台被感染的机器传到另一台没有被感染的机器。
- 如果一台机器已经被某个变种的病毒感染过,就不能再被其他变种感染。
- 病毒的传播能力每天都在增强。第 1 天,病毒只能感染它可以到达的、防御级别为 1 的机器,而防御级别大于 1 的机器可以阻止它从自己处继续传播。第 D 天,病毒可以感染它可以到达的、防御级别不超过 D 的机器,而只有防御级别大于 D 的机器可以阻止它从自己处继续传播。
- 在同一天之内,$Type_1$ 变种的病毒先开始传播,感染所有它可能感染的机器,然后是 $Type_2$ 变种、$Type_3$ 变种……依次进行传播。

以图 6.5 为例说明传染的过程。

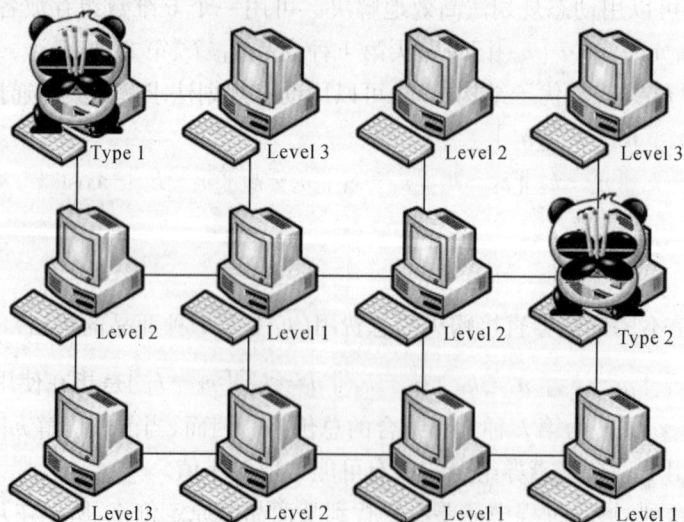

图 6.5 "熊猫烧香"传播示意图

---

* 改编自 2007 年浙江省大学生程序设计竞赛,作者:薛在岳。

图 6.5 中显示的 3×4 的网络中,开始阶段只有 2 台机器被感染。用一个矩阵表示网络中机器的状态,用负整数 $-L$ 表示未被感染的、防御级别为 L 的机器,正整数 Type_i 表示该机器被 Type_i 类型的病毒变种感染,则初始状态有矩阵 $\begin{bmatrix} 1 & -3 & -2 & -3 \\ -2 & -1 & -2 & 2 \\ -3 & -2 & -1 & -1 \end{bmatrix}$。

病毒传播 1 天后,1 号变种无法传播,2 号变种攻下了第 3 行中 2 台防御级别为 1 的机器,矩阵变为 $\begin{bmatrix} 1 & -3 & -2 & -3 \\ -2 & -1 & -2 & 2 \\ -3 & -2 & 2 & 2 \end{bmatrix}$。第 2 天,1 号变种攻下了所有未被感染的、防御级别为 1 或 2 的机器,2 号变种则无事可做,因为它唯一可以接触到的未被感染的机器,其防御级别是 3。这时矩阵变为 $\begin{bmatrix} 1 & -3 & 1 & -3 \\ 1 & 1 & 1 & 2 \\ -3 & 1 & 2 & 2 \end{bmatrix}$。第 3 天,1 号病毒继续发威,攻下了剩下的 3 台防御级别为 3 的机器,则整个网络全被感染,矩阵变为 $\begin{bmatrix} 1 & 1 & 1 & 1 \\ 1 & 1 & 1 & 2 \\ 1 & 1 & 2 & 2 \end{bmatrix}$。

本题的任务是:当整个网络被感染后,计算有多少台机器被某个特定变种所感染。

输入要求:

输入由若干组测试数据组成。

每组数据的第 1 行包含 2 个整数 M 和 $N(1\leqslant M,N\leqslant 500)$,接下来是一个 $M\times N$ 的矩阵表示网络的初始感染状态,其中的正、负整数的意义如题目描述中所定义。

下面一行给出一个正整数 Q,是将要查询的变种的个数。接下去的 Q 行里,每行给出一个变种的类型。

当 M 或 N 为 0 时,表示全部测试结束,不要对该数据做任何处理。

输出要求:

对每一组测试,在一行里输出被某个特定变种所感染的机器数量。

输入例子:

```
3 4
1 -3 -2 -3
 -2 -1 -2 2
 -3 -2 -1 -1
2
1
2
0 0
```

输出例子:

```
9
3
```

6.7.2　分工要求

● 程序员:实现程序(50 分)。注意源代码必须有充分注释。

● 测试员：提供测试输入，并根据测试结果填写测试报告（20分）；完成测试结果分析与探讨（10分）。

● 文档员：完成实验报告第一部分（6分）、第二部分（12分）内容，要求文档风格统一（2分）。

6.7.3 简要提示

这道题有多种解法，不同解法之间的计算复杂度可以差大约 L 倍，而 L 可以取到999。

解法一：广度优先搜索

这种想法比较直接，每天依次按照病毒变种类型的顺序，以已经被这种变种感染了的区域为起点，在未感染的区域进行一次广度优先搜索，被搜索到的节点如果可被感染，则记录为感染了该种病毒。这样 L 天之后，所有的计算机都被感染上了病毒，统计一下各种病毒的数目就是答案。这种解法的最坏时间复杂度 $O(M \times N \times L)$。

解法二：修改 Dijkstra 算法

Dijkstra 算法是求单源最短路径的一种贪心算法。在这里将每台机器作为一个节点 V，将每个节点的路径长度 distance[V] 的定义改造一下，它不再是一个简单的数字，而是一个二元组（day，vid），其中 day 表示被感染的日子，vid 表示被哪个病毒感染，比较路径长度时，按 day 为第一关键字，vid 为第二关键字排序。

初始时，有第 i 个病毒变种的机器的路径长定义为（0，i），表示它第 0 天被第 i 个变种感染。其他节点的值初始化为（∞，∞）。然后利用 Dijkstra 算法求解所有其他机器的路径长。每次选取当前路径长最小的那个节点 V，然后更新与它相临的节点 U。如果 U 路径长的 day 值较大，则将 day 值更新为 max{ U 的防御级别，V 点的 day 值 }。如果 day 值相等，则将 vid 更新成较小的。

由于是平面点阵图，所以这个算法的复杂度就是 $O(MN \log_2(MN))$，较解法一有了明显改进。

解法三：并查集（union-find set）

将初始被感染上病毒的节点作为根节点。如果一个新的节点被某种病毒变种感染了，则利用并查集算法将该节点的指针指向相应的根节点。

如果出现一块防御等级均不超过 i 的区域，区域的周围被防御等级大于 i 的节点包围，而这个区域之内没有初始感染病毒的基本根节点，那么，可以在这个区域之内任意取一个节点作为虚拟根节点，将区域内的所有节点指向这个虚拟的根节点。这样一旦某种病毒变种感染了这个区域的任何一个节点，则会立即感染这个区域的每一个节点。于是，只需将这个虚拟根节点指向初始感染病毒的基本根节点即可。

这样，第 i 天时，所有防御等级小于等于 i 的节点均能通过并查集，指向相应的根节点。

并查集的 union 函数部分要特别注意，虚拟根节点和基本根节点之间的指向很容易搞错。

这种解法的时间复杂度是 $O(MN \log^*(MN))$。注意 $\log^* N$ 是逆 Ackermann 函数，即对 N 反复取对数直到结果不超过 1 时，取对数的次数就是 $\log^* N$。例如 $\log^* 2^{65536} = 5$，因为 $\log_2(\log_2(\log_2(\log_2(\log_2 2^{65536})))) = 1$。$\log^* N$ 函数增长非常慢，所以可以近似认为是一个常数。

6.8 神秘国度的爱情故事[*]

6.8.1 题目要求

某个太空神秘国度中有很多美丽的小村,从太空中可以望见,小村间有路相连,更精确一点说,任意两村之间有且仅有一条路径。

小村 A 中有位年轻人爱上了自己村里的美丽姑娘。每天早晨,姑娘都要去小村 B 里的面包房工作,傍晚 6 点回到家。年轻人终于决定要向姑娘表白,他打算在小村 C 等着姑娘路过的时候把爱慕说出来。问题是,他不能确定小村 C 是否在小村 B 到小村 A 之间的路径上。你可以帮他解决这个问题吗?

输入要求:输入由若干组测试数据组成。

每组数据的第 1 行包含一正整数 $N(1 \leqslant N \leqslant 50000)$,代表神秘国度中小村的个数,每个小村即从 0 到 $N-1$ 编号。接下来有 $N-1$ 行输入,每行包含一条双向道路的两个端点小村的编号,中间用空格分开。

之后一行包含一正整数 $M(1 \leqslant M \leqslant 500000)$,代表着该组测试问题的个数。接下来 M 行,每行给出 A、B、C 三个小村的编号,中间用空格分开。

当 N 为 0 时,表示全部测试结束,不要对该数据做任何处理。

输出要求:对每一组测试给定的 A、B、C,在一行里输出答案,即:如果 C 在 A 和 B 之间的路径上,输出 Yes,否则输出 No。

输入例子:

```
3
0 1
1 2
3
0 2 1
1 2 0
1 2 1
0
```

输出例子:

```
Yes
No
Yes
```

注意:该题目应设计大规模的测试数据,所以用 C 语言中的 scanf 和 printf 做输入输出会比用 cin 和 cout 快,可以避免因为输入输出而超时。

6.8.2 分工要求

● **程序员**:实现程序(50 分)。注意源代码必须有充分注释。

---

[*] 改编自 2007 年浙江大学程序设计竞赛,作者:刘耀庭。

- 测试员：提供测试输入，并根据测试结果填写测试报告（20 分）；完成测试结果分析与探讨（10 分）。
- 文档员：完成实验报告第一部分（6 分）、第二部分（12 分）内容，要求文档风格统一（2 分）。

6.8.3　简要提示

注意到条件"任意两村之间有且仅有一条路径"表明这是一棵 $N(1{\leqslant}N{\leqslant}50000)$ 个节点的树，每次查询给定点 C 是否在其余两点 A、B 之间的路径上。查询的次数高达 500000 次，因此对于每次查询，超过 $O(\log_2 N)$ 的复杂度是不能接受的。

最直接的解法是沿着 A、B 点往上找，直到相遇或者碰到 C，不过这样对于全部节点在一条线上的树，每次查询的复杂度是 $O(N)$，肯定超时。

仔细观察，可以发现如果点 C 在 A、B 之间的路径上，那么它满足下面这个有趣的规律：

点 C 在 A、B 之间的路径上当且仅当 C 仅是 A、B 其中一个节点的祖先——除了一个非常特殊的情况，就是当 C 是 A、B 两点的最低公共祖先时，点 C 也在 A、B 的路径上（其实这道题的关键就是判断这个特殊情况）。

因此，得到如下的算法：判断点 C 是否仅是其中一个节点的祖先。如果是，那么 C 肯定在路径上；否则，如果 C 是 A、B 两点的共同祖先，则判断 C 是否为最低公共祖先，如果是，那么 C 肯定在路径上，否则 C 不在路径上。

那么现在剩下两个问题：

- 如何快速判断一个点是否是另外一个点的祖先？
- 如果 C 是 A、B 两点的共同祖先，如何快速判断它是否是最低的？

对于第一个问题，可以用深度优先搜索遍历一遍，记录每个节点的入栈时间及出栈时间，然后判断其包含关系。

例如：图 6.6 是一棵深度优先搜索树，每个节点左下角的数字表示第一次访问该节点即入栈时间，右下角数字表示离开该节点即出栈时间。要判断点 A 是否是点 C 的祖先，只要

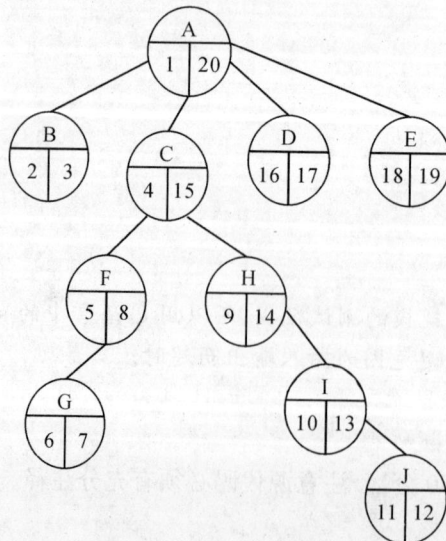

图 6.6　记录出入栈时间的深度优先搜索树

判断区间 $[1，20]$ 是否包含了区间 $[4，15]$，因此每次判断的复杂度是 $O(1)$ 的。

对于第二个问题，例如要判断 A 是否是 G 和 J 的最低公共祖先，其实就是看是否有比 A 更低的祖先，如果有则说明 A 不是最低的。由于 A 下面还有 C 这个节点，因此可以得出 A 不是 G 和 J 的最低公共祖先，而 C 则找不到这样的一个儿子节点，因此它是最低的。

很自然想到的方法是遍历 A 的所有儿子节点，逐个判断它是否是 G 和 J 的公共祖先。但是这样有可能退化成 $O(N)$ 的复杂度。

仔细观察这棵深度优先搜索树，又可以发现一个非常有趣的规律：

如果从左到右列出 A 的四个儿子节点 B、C、D、E 的入栈时间及出栈时间：$[2，3]$、$[4，15]$、$[16，17]$、$[18，19]$，不难发现这个区间数列是递增的！于是得到了一个更快的方法：只要在这个递增的区间数列中二分查找是否有 $[6，12]$ 这个区间即可（6 是 G 的入栈时间，12 是 J 的出栈时间），因此复杂度就降到了 $O(\log_2 N)$。

附 录

课程设计实验报告样例

《数据结构课程设计实验一：搜索算法效率比较》实验报告*

一、简介

算法是为求解一个问题需要遵循的、被清楚地指定的简单指令的集合。解决一个问题，可能存在一种以上的算法，当这些算法都能准确解决问题时，算法需要的资源量将成为衡量该算法优良度的重要度量，例如算法所需的时间、空间。

静态查找（或称搜索）问题是计算机领域很常用，也是很基本的一类问题。静态查找问题的目标是从固定的集合中搜索指定的元素。针对这类问题，目前典型的搜索算法主要有两类：线性搜索和二叉搜索。不同的搜索算法存在不同的算法时间与空间效率。

本实验的目的是设计一个程序，比较不同的搜索算法在时间上的效率。具体实验内容如下：

给定一个已排序的由 N 个整数组成的数列 $\{0,1,2,3,\cdots,N-1\}$。在该队列中搜索指定的整数 target，以观察不同算法的运行时间。在本实验中，将使用两类搜索算法来得到结论：一种是线性搜索，使用非递归和递归两种方法实现；另一种是二叉搜索。在实验设计上，将比较不同算法在相同的数据集上所需要的运行时间和同一个算法在不同数据集上的运行时间。

因此，实验任务如下：

(1)分别用递归和非递归实现线性搜索；

(2)分析最坏情况下，两种线性搜索和二叉搜索算法的时间复杂度；

(3)测量并比较这 3 种方法在 $N=100,500,1000,2000,4000,6000,8000,10000$ 时的性能。填写如下实验数据分析表格，其中 K 是算法重复运行次数。

---

* 本实验报告为针对书中 5.1 案例题目所做的实验报告样例。

	N	100	500	1000	2000	4000	6000	8000	10000
Sequential Search (iterative version)	Iterations (K)								
	Ticks								
	Total Time (sec)								
	Duration (sec)								
Sequential Search (recursive version)	Iterations (K)								
	Ticks								
	Total Time (sec)								
	Duration (sec)								
Binary Search	Iterations (K)								
	Ticks								
	Total Time (sec)								
	Duration (sec)								

二、算法说明

根据实验内容,本实验主要设计实现两类三种算法,即非递归线性搜索算法、递归线性搜索算法和二叉搜索算法。其中,非递归线性搜索算法和递归线性搜索算法的特点都是按顺序逐个扫描数列中的元素。每种算法如果找到了目标元素,则都返回这个元素所在的位置,否则就返回-1。

下面分别介绍这三种算法的设计思想。

(1)非递归线性搜索算法。该算法的思路是利用循环从左到右逐个搜索数列中的每个数,判断当前元素是否是要找的那个元素。这个算法比较简单,其基本过程如下:

```
int IterSequ(int num, int target)   /* num 是数组中元素的个数,target 是指定的要搜索的元素 */
function begin
    for(i = 0 to num − 1)
        begin
            check if the i-th element is equal to the target integer
            if yes,  return i;   /* 如果找到,就返回 i */
        end
    return −1;   /* 要查找的目标不在数列中 */
function end
```

(2)递归线性搜索算法。该算法判别目标元素是否在数列 $0 \sim i$ 的位置上,递归的控制参数是最后一个元素的位置 i。它首先判别第 i 个元素是不是等于目标元素,若不是则对剩余的左边的数列$(0 \sim i-1)$进行递归。

```
int RecuSequ(int i, int target)   /* 递归判别元素 target 是否在数列 0∼i 的位置上 */
function begin
        check if the i-th element is equal to the target integer or i=−1
        if yes, return i;   /* 第 i 个元素就是要查找的目标,或者已经扫描到数列的最左端,目标
                              元素不在数列中 */
        return RecuSequ(i−1,target);   /* 递归开始,判断目标元素是否在左边的数列中 */
function end
```

(3)二叉搜索算法。二叉搜索首先判断目标元素是否是数列中间的元素。如果是,则搜索结束;如果目标元素比数列中间的元素小,那么采用同样的方法对左半边的子数列进行查找。同样的,如果目标元素比中间元素大,就查找右半边的子数列。当在子序列中查找到目标元素时,则停止搜索,否则继续递归,直到找到目标元素,或待查找的子序列为空(说明目标不在数列中)。

```
int Binary(int num, int target)     /* num 是数组中元素的个数, target 是要搜索的目标元素 */
function begin
    i = 0;      /* 左边界 */
    j = num - 1;     /* 右边界 */
    while(j >= i)     /* 待查找的子序列不空, 需要继续搜索 */
        begin
            k = (j + i)/2;     /* 中间元素 */
            check if target is greater than the k-th element
            if yes, i = k + 1;     /* 将查找的范围定在右半边的子数列中 */
            else, check if target is smaller than the k-th element
            if yes, j = k - 1;     /* 将查找的范围定在左半边的子数列中 */
            else
                return k;     /* 第 k 个元素就是要找的目标元素 */
        end
    return - 1;     /* 搜索完毕, 目标不在数列中 */
function end
```

为了统计每个算法所花的时间,采用 C 中标准的库函数(头文件 time.h):

```
# include <time.h>
clock_t start, stop;   /* clock_t 是内置数据类型, 用于计时 */
double duration;   /* 记录每个函数的运行时间 */

int main()
{
    ……
    /* clock()是 time.h 中的系统函数, 返回程序开始执行后总的经历时间数, 以 CLK_TCK 为单位 */
    start = clock();   /* 函数开始时记录时间数 */
    …… /* 程序运行中 */
    stop = clock();   /* 函数结束时记录时间数 */
    duration = ((double)(stop - start))/CLK_TCK; /* 计算函数的运行时间, 以秒为单位 */
    ……
    return 0;
}
```

由于函数执行的速度很快,无法以秒为单位来记录。重复调用函数 K 次,来获得一个总的时间,然后将总的时间除以 K 得到一个较为精确的函数运行一次的时间。

另外,将实验所用的数列数据存放在全局数组 Integer[]中;拟搜索的目标 target 通过输入来获得。

三、测试结果

本实验测量并比较这 3 个方法在 $N=100,500,1000,2000,4000,6000,8000,10000$ 时的性能,并选择 $10^7,10^6,10^5$ 作为重复运行次数 K。具体运行结果见下表,其中 Ticks 表示调用 clock() 函数计算出的算法重复运行的总时钟跳数,Total Time 表示算法重复运行的总时间(秒),Duration 表示算法一次运行的平均时间(秒)。

对于上述实验结果,还给出了图形方式的性能表示。从图中很容易看出,二叉搜索具有很明显的时间效率,而对线性搜索而言,非递归算法的时间效率比递归算法要好。

	N	100	500	1000	2000	4000	6000	8000	10000
Sequential Search (iterative version)	Iterations (K)	10^7	10^6	10^6	10^6	10^5	10^5	10^5	10^5
	Ticks	5032	2515	4562	9265	1844	2844	3891	4813
	Total Time (sec)	5.032	2.515	4.562	9.265	1.844	2.844	3.891	4.813
	Duration (sec)	5.032×10^{-7}	2.515×10^{-6}	4.562×10^{-6}	9.265×10^{-6}	1.844×10^{-5}	2.844×10^{-5}	3.891×10^{-5}	4.813×10^{-5}
Sequential Search (recursive version)	Iterations (K)	10^6	10^5	10^5	10^4	10^4	10^4	10^3	10^3
	Ticks	8672	4907	9375	2078	5297	8750	1234	1609
	Total Time (sec)	8.672	4.907	9.375	2.078	5.297	8.750	1.234	1.609
	Duration (sec)	8.672×10^{-6}	4.907×10^{-5}	9.375×10^{-5}	2.078×10^{-4}	5.297×10^{-4}	8.750×10^{-4}	1.234×10^{-3}	1.609×10^{-3}
Binary Search	Iterations (K)	10^7	10^7	10^7	10^7	10^7	10^7	10^7	10^7
	Ticks	1359	1953	1958	2000	2094	2235	2360	2406
	Total Time (sec)	1.359	1.953	1.958	2.000	2.094	2.235	2.360	2.406
	Duration (sec)	1.359×10^{-7}	1.953×10^{-7}	1.958×10^{-7}	2.000×10^{-7}	2.094×10^{-7}	2.235×10^{-7}	2.360×10^{-7}	2.406×10^{-7}

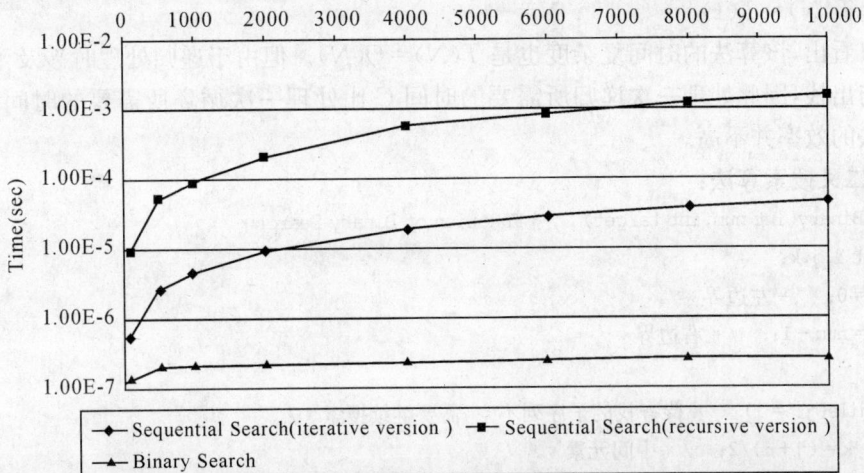

四、分析与探讨

第 3 部分中,显示了 3 种搜索算法的实验结果。下面从程序源代码的角度来进一步分析各算法的时间复杂性。

(1)非递归线性搜索算法:

```
int IterSequ(int num,int target)   /* Function of Sequential Search(iterative version) */
{  int i;    /* Accessorial variables */
  for(i = 0;i<num;i++)
      if(Integer[i] == target)
          return i;   /* Target found, i is the result */
  return-1;   /* Target isn't in the list */
}
```

可以看出,该算法的时间复杂度为 $T(N)=O(N)$。因此,这是一个线性算法,随着 N 的增加,算法的时间复杂度线性增加。

(2)递归线性搜索算法:

```
int RecuSequ(int i,int target)   /* Function of Sequential Search(recursive version) */
{
  if((Integer[i] == target) || (i==-1))
    return(i);   /* The former, target found, i is the result; the later, it's the left end of
                     the list, target isn't in the list */
  return(RecuSequ(i-1,target));   /* Recursive, search the next(left side)element */
}
```

在这个算法中,查找 N 个元素的数列所需的时间与查找 $N-1,N-2,\cdots\cdots$ 个元素的数列所需时间是相关的。显然 $T(-1)=C,T(N)=T(N-1)+C,C$ 是处理一次递归所需要的时间。因此,可以得到下面的这个式子来计算该算法的运行时间:

$$T(N)=T(N-1)+C \quad N\geqslant 0$$
$$T(N)=T(1) \qquad\qquad N=-1$$

可以看出,该算法的时间复杂度也是 $T(N)=O(N)$。但由于递归处理时涉及函数数据的进栈与出栈,因此处理一次递归所需要的时间 C 比处理一次循环所需要的时间多,所以这个算法的效率并不高。

(3)二叉搜索算法:

```
int Binary(int num,int target)   /* Function of Binary Search */
{ int i,j,k;
  i = 0;  /* 左边界 */
  j = num-1;  /* 右边界 */

  while(j>= i)  /* 待查找的子序列不空,需要继续搜索 */
  {  k = (j+i)/2;  /* 中间元素 */
    if(target>Integer[k])
        i=k+1;  /* 将查找的范围定在右半边的子数列中 */
    else if(target<Integer[k])
```

```
        j = k - 1;  / * 将查找的范围定在左半边的子数列中 * /
    else
        return k;   / * 第 k 个元素就是要找的目标元素 * /
    }
    return - 1;   / * 搜索完毕,目标不在数列中 * /
}
```

很明显,每次迭代(循环)中所有工作都可以在 $O(1)$ 内完成,因此这个算法的复杂度主要由总的循环次数决定。循环从 $j - i = num - 1$ 开始,到 $j - i \geqslant 1$ 结束。每一次循环中 $j - i$ 的值至少是前一次值的一半,因此,循环的时间最多是 $[\log_2(n-1)] + 2$。运行时间是 $O(\log_2 N)$。所以,二叉搜索所需的时间比其他两种方法要少。

从以上分析中可以看出,时间复杂度依次是:二叉搜索<非递归线性搜索<递归线性搜索。这个结论与第 3 部分中的实验数据相一致。

在这个程序中,仍然有一些 bug 要解决。例如,在递归搜索算法实验中,由于栈溢出,所以不能在 TC 中测试大于 4000 个整数。因此,本实验的测试环境是在 VC++下,其测试数列的长度也是限制在 10000 以内,大于 10000 的情况,程序就不能运行。

附录　源代码

```c
# include <stdio. h>    / * Input and output of data * /
# include <time. h>    / * Testing of running time * /
# define MAXNUM 10000    / * The largest number of integers * /

int IterSequ(int, int);    / * Function of Sequential Search(iterative version) * /
int RecuSequ(int, int);    / * Function of Sequential Search(recursive version) * /
int Binary(int, int);    / * Function of Binary Search * /

int Integer[MAXNUM];    / * Array of integers * /

main(void)    / * Testing function * /
{
    clock_t start, stop;    / * clock_t is a built - in type for processor time(ticks) * /
    double totalT;    / * Records the running time(seconds) of a function * /
    int num,    / * Number of integers * /
        target,    / * The integer looked for * /
        result,   / * Result of searching * /
        i,        / * Accessorial variables * /
        choice;   / * The user's choice * /
    unsigned long j,    / * Accessorial variables * /
            k;    / * The times of iterations * /

    while(1)    / * Continue proceeding(until selecting Exit) * /
    {
```

```c
printf("Please select a function:\n");
printf("[1]      Sequential search(iterative version)\n");
printf("[2]      Sequential search(recursive version)\n");
printf("[3]      Binary search\n");
printf("[0]      Exit\n");
scanf(" %d",&choice);   /* Input user's choice */
while((choice! = 0)&&(choice! = 1)&&(choice! = 2)&&(choice! = 3))   /* Check if the input
                                                           is correct */
{
    printf("Error! Please enter again:");
    scanf(" %d",&choice);   /* Input again */
}
if(choice == 0)
    return 0;   /* Exit is selected, quit */
printf("Please enter the number of integers:");
scanf(" %d",&num);   /* Input the number of integers */
printf("Please enter the target integer:");
scanf(" %d",&target);   /* Input the the integer looked for */
printf("Please enter the times of iterations:");
scanf(" %ld",&k);  /* Input times of iterations */
for(i = 0;i<num;i++)
    Integer[i] = i;   /* Built integers */
start = clock();   /* Records the ticks at the beginning of the function call */
switch(choice)
{
    case 1:  {
        for(j = 0;j<k;j++)   /* Iterations */
            result = IterSequ(num,target);   /* Iterative sequential search is selected */
        break;
    }
    case 2:  {
        for(j = 0;j<k;j++)   /* Iterations */
            result = RecuSequ(num - 1,target);   /* Recursive sequential search is selected */
        break;
    }
    case 3:  {
        for(j = 0;j<k;j++)   /* Iterations */
            result = Binary(num,target);   /* Binary search is selected, call for the very function */
        break;
    }
}
stop = clock();   /* Records the ticks at the end of the function call */
totalT = ((double)(stop - start))/CLK_TCK;   /* CLK_TCK is a built - in constant = ticks
```

```
                                                          per second * /
    if(result == - 1)
      printf("The target integer isn't in the array. \n");
    else
      printf("The target is at the position % d. \n",result);
    printf(" % ld ticks has past. \n",(long)(stop - start));
    printf("The total time are % lf seconds. \n",totalT);
    printf("The duration is % le seconds. \n",totalT/k);  /* Output the results * /
  }
}


int IterSequ(int num,int target)  /* Function of Sequential Search(iterative version) * /
{
  int i; /* Accessorial variables * /
  for(i = 0;i<num;i + + )
    if(Integer[i] == target)
      return i;  /* Target found, i is the result * /
  return - 1;  /* Target isn't in the list * /
}


int RecuSequ(int i,int target)  /* Function of Sequential Search(recursive version) * /
{
  if((Integer[i] == target) || (i == - 1))
    return(i);  /* The former, target found, i is the result; the later, it's the left end of
                  the list, target isn't in the list * /
  return(RecuSequ(i - 1,target));  /* Recursive, search the next(left side)element * /
}


int Binary(int num,int target)  /* Function of Binary Search * /
{
  int i,j,k; /* Accessorial variables * /
  i = 0; /* Left end * /
  j = num - 1; /* Right end * /
  while(j >= i)  /* The search has not completed * /
  {
    k = (j + i)/2; /* Middle * /
    if(target>Integer[k])
        i = k + 1;  /* Target isn't in the left part of this sub array, make the right part a new
                  sub array * /
    else if(target<Integer[k])
        j = k - 1;  /* Target isn't in the right part of this sub array, make the left part a new
                  sub array * /
    else
```

```
        return k;    /* The k-th element is equal to the target, k is the result */
    }
    return -1;    /* The search has completed, target isn't in the list */
}
```

任务分配：

- 程序员：×××。主要任务：负责 3 种算法设计，并完成源代码。
- 测试员：×××。主要任务：负责设计测试用程序（main），并对实验结果进行整理分析，最后完成实验报告的第三、四部分内容，即测试结果与分析探讨部分。
- 文档员：×××。主要任务：负责撰写实验报告的第一、二部分内容，即实验内容简介与算法描述。同时完成整个文档的整合，使整篇报告排版、文字风格统一。

实验报告完成日期：yyyy-mm-dd

参考文献

［1］Mark Allen Weiss,陈越改编. Data Structures and Algorithm Analysis in C(second edition). 北京：人民邮电出版社,2005

［2］严蔚敏,吴伟民. 数据结构(C语言版). 北京：清华大学出版社,1997

［3］魏宝刚,陈越,王申康. 数据结构与算法分析. 杭州：浙江大学出版社,2004